砂時計の科学

田口善弘

講談社学術文庫

はじめに

僕は生まれてからずっと、東京に住んでいる。といっても、子どものころ住んでいたのは東京の田舎だし、一時期は川崎市に住んでいた。まあ、「東京通勤圏」に住んでいる、と言うほうが正しい。東京は便利なところだけれど、いろいろ辛いことがあって、たとえばその一つとして通勤地獄がある。常識では考えられないような密度で人間を箱に詰め込んで、一時間以上にわたって運ぶという非常識なことをやらざるを得ない。それでも足りなくて、列車の本数を増やしまくり、ラッシュ時には数分おきに電車が走るということになる。

さて、それでも足りないとなると、どうするか。いろいろな手がある。たとえば、ＪＲ山手線では座席を折り畳み式にし、ラッシュ時には座席をたたんで人が立てるスペースを広くして、もっといっぱい乗れるようにした。

また、これほど混雑してくると、人の乗り降りにかかる時間が馬鹿にならなくなる。そこで、在京の私鉄のＡ社とＢ社では、人が素早く乗り降りできるようにドアを改良することにした。素早く乗り降りできるようにするためには個々の車両の出口を増やすか大きくしてやれば良い。Ａ社はドアの数はそのまま（一車両当たり片側四つ）で一つ一つのドアを大きくした。B社はドアの大きさを変えずにドアの数を増やした（片側五つ）。なんとなく、どちらでもいいように思える。ところが、結果はB社はうまくいって乗り降りの時間が短縮されたが、A社はうまくいかず、むしろ余計に時間がかかるようになってしまった！　全く不思議な話だ。

もし、これが満員電車ではなくて統制のとれた軍隊とかだったらこんなことは絶対に起きない。あらかじめ順番を決めておいて、ドアの幅にちょうど合うだけの人数ずつ横にならんで次々と乗り降りすることにすれば、ドアの幅が広くなっても乗り降りが早くならない、などということはあり得ない。満員電車ではこのような意志の疎通がなく、個々人が勝手にドアに向かって突進する。このような状態はどうやって研究すれば良いだろうか。

僕の好きなSFにアシモフの「ファウンデーション・シリーズ」があるが、その軸となるのはアシモフが創出した「心理歴史学」という学問だ。個々の人間がどのように振舞うかは予測できないけれど、何兆という多数の人々の集団的な行動なら予測できる。アシモフが舞台とした遠い未来では宇宙全体に人類が広がっていて、それこそ何兆、何十兆という人間がいる。その集団を、気体を個々の分子の集合として扱うようにして扱えば、未来の挙動を予測できるというものだ。もちろん、僕らはそのような学問を持っていない。でも、お互いに意志疎通のない群衆を気体のように粒子の集団として扱うのは、案外いい近似ではないだろうか？

非常に大胆な仮定だけれど、人間を粒々にしてしまうというのはどうだろうか。穴の開いた箱の中にぎっしり粒を詰め込んでおき、箱に穴を開けて無理矢理押し出すとする。穴の面積の総和は一定として、大きい穴を開けたほうがいいか、小さい穴を多数個開けたほうがいいか？　この問いなら答えられるだろうか？

このような粒々が多数個集まったものを「粉粒体」と言う。この粉粒体がいっぱい集まった時にどのような振舞いをするかというのがこの本のテーマである。普通、粉粒体というのは砂、食塩、米のようないわゆる粒々のことを言う。こういうものがいっぱい集まるといろいろと不思議な振舞いをする。だからといって、べつにこの本で米粒の解説をしようというわけではない。満員電車の例からもわかるように、いろいろなものを粉粒体と見ることができる。では、どんなものが粉粒体と見なせるのだろうか。

まず、同じようなものがいっぱい集まっていなくてはいけない。ただ、あまりいっぱい過ぎてはいけない。どのくらいだといっぱい過ぎるかというと、まあ、ひと雫の水の中に含まれている分子の数などというのではもう、数が多過ぎる。ひと雫の水の中にはだいたい六・〇二二一四〇七六×10^{23}個（アボガドロ数）の分子が含まれている。これはどのくらいの数かというと、六兆の一〇〇〇億倍くらいの数。粉粒体と言う時はせいぜい数百個から一〇億くらいだろうか。この「うんと小さくてはいけない」ということは大切である。あまり数が多いと、個々の粒子は見えなくなってしまって、全体が一つの物に見えてくる。考えてみれば、僕らの身の回りにある物は水だろうが、空気だろうが、石ころだろうが、皆、分子という小さな粒子の集まりだ。でも、それを普段意識することはない。ここまでいかず、全体として、一緒に運動するけれど、決して個々の粒子が見えなくなるほど小さくはない、というものを粉粒体と言う。そういう意味では満員電車に詰め込まれた乗客も粉粒体と見ることができる。

では、粒子の数があまり多くなければ、個々の粒子はうんと小さくてもいいのだろうか？たとえば、空気の分子が一〇〇個集まったら、これは「粉粒体」だろうか？　空気の分子ほど小さいと、今度は空気の分子の個々の運動が粒子の大きさに比べて速過ぎて、全体として一緒に運動しているようには見えなくなる。室温くらいの温度では空気の分子は一秒間に四〇〇メートルくらいの速度で動いている。これは空気の分子が人間の大きさだと思うと、ように光より速く動くことになるわけだから、個々の粒子が勝手気ままにガンガン飛び回っているばかりで、全体として一緒に動いているようにはとても見えない。だから、個々の粒子の絶対的な大きさもあまり小さくてはいけない。

結局、粉粒体の粒子の大きさには二つの制限があって、

（一）全体の大きさ（たとえば容器）に比べて粒子の大きさが小さ過ぎない。

というのと、

（二）個々の粒子の大きさが粒子の速度に比べて小さ過ぎない。

というのである。

逆に言うと、この条件を満たせば、砂や米や食塩に限らず、いろいろなものを粉粒体と見ることができる。たとえば、宇宙空間の星、などというのは玉がたくさん集合したものだから、これを粉粒体と見るのはあながち間違いではない。実際、天文学者の一部の人たちは粉粒体自体の研究に興味を持ちはじめたようである。それから、ちょっと、満員電車と似ているけれど、高速道路を走る車だって、車という「粒」がいっぱい集まって流れを作っているわけだから、粉粒体と見られないこともない。

こんなふうに「粉粒体」といっても、単に砂や食塩や米粒の話にとどまらない。そういうことも思い浮かべながら想像力をたくましくして読んでいただければ幸いである。

目次

砂時計の科学

第一章　流れ落ちる

人間にとって時間というものは大切なものだ。「時は金なり」という諺（ことわざ）を待つまでもなく、時間というのはすべての計測の基本になる量だ。実際、「時間」というのは現在ではすべての物理量の基礎になる量である。たとえば、「長さ」というのは昔は白金製の「メートル原器」という棒があって、この長さが一メートル、と決まっていたが（ついでに言うと、メートルとは地球の大きさを基準にした長さであり、北極から赤道までの円弧の長さの一〇〇〇万分の一というのがもともとの定義である）、今の科学技術の精度では、そんなものでは足りない。メートル原器はしょせん、金属の棒に過ぎないから、温度変化で膨張したりする。温度を正確に決めようとすると、その誤差も問題になる。それではどうするか。

現在の物理学ではまず、「時間」を決めることになっている。これこれの測り方で一秒を定義する、と決まっている。具体的には^{133}Csという原子から出るある電磁波の周期の九一億九二六三万一七七〇倍と決められている。これは大変精度良く定義できる。次に、長さを定義するのに光を使う。光の真空中での速度は二億九九七九万二四五八メートル毎秒（約三〇万キロメートル毎秒）で不変だから、光が一秒の二億九九七九万二四五八分の一の間に進む距離を一メートルとする。これが正確と信じられている。

古代人たちにとって、時間とは、まず「周期」の概念から始まった。太陽が昇り、沈む、ということが同じ「時間」で繰り返されることにまず気づく。次に季節に周期があることに気がつき、これを「日」の単位で数えはじめる。そして、これが星の運行の周期と一致していることに気づき、暦ができる。

この星の運行を基準にする時間、という概念から生まれた一つの完成した形が日時計だろう。太陽の運行を司る法則は、今では力学の基本法則であるニュートン力学であることがわかっている。したがって、その運動は規則的で変化が小さい。これをもって時間の尺度にしようというのはいいアイディアだった。ちなみに、つい最近まで一秒の定義は「一日の長さ(つまり、地球の自転周期)の八万六四〇〇分の一」と決められていたほどである。しかし、持ち運びができないし、曇りの日には使えない。物理の基本法則に従うようなものでもっと手近な物はないか、と人々は探しはじめる。

ガリレオが考えた振り子時計というのは画期的だった。持ち運びに便利だったし、振り子も太陽の運行と同じく、力学の基本法則であるニュートン力学に支配された現象であるから、精度が良い。今でこそ、クォーツの登場ですっかり見なくなったが、私が中学生だった五〇年くらい前には腕時計といえばすべてゼンマイ式、基本的にはその動作原理は「振り子」である。

さて、このように優れた振り子ですら淘汰されてしまった現代でも、細々とながら生き残っている古代人たちの発明した時計がある。それは「砂時計」である。今でも、ちょっとした小物屋には売っているし、コーヒーを入れるくらいの時間を測るのには十分使える。これほど長く生き残ってこられた秘密はなんだろうか？　また、それほど古くからありながら、振り子時計に負けてしまったのはどうしてだろうか？

砂時計の七不思議

砂時計、というのは、よくよく見てみればなんとも奇妙な格好をしている。上下が対称で真ん中がくびれたヒョウタンのような格好である。ヒョウタンの二つの膨らみのうち上方の膨らみに砂が蓄えられていて、この砂が真ん中のくびれた部分を通ってサラサラと下方の膨らみへと落ちていく。この砂がどれくらい流れ落ちたかで時間の経過を測る。この奇妙な形態のゆえに、補強のための外枠が必要となるのであるが、この形は粉粒体を流すには大変都合の良い、基本的な形なのである。まず、砂時計をくびれたところで上下半分に切る。そして、下半分を取り除く。それから、砂時計の上部のガラスが閉じているところを切りとってオープンにする。何のことはない、ロート状の物が残ったわけだが、このロートのことを粉体工学では特にホッパーと呼ぶ。ホッパーは粉粒体を蓄え、そして取り出すのに使われるもっとも一般的な容器である。砂時計はこのホッパーの応用の一形態である。

さて、このホッパーには「七不思議」というものがあると言われている（だから、本当は「砂時計の七不思議」ではなくて、「ホッパーの七不思議」である。日高重助『粉体工学会誌』一九九二年六月号）。

（一）ホッパーの側壁にかかる圧力はホッパー内の粉粒体の量によらない（つまり、たとえば下から三センチのところの壁圧は、その上に粉粒体が何センチ積んであろうと不変である）。

（二）ホッパーに粉粒体を貯めておいてホッパーの出口（砂時計のくびれているところ）を開けると、出口付近の横壁に大きな圧力がかかる。

（三）粉粒体がホッパーから流れ出ている時の壁にかかる圧力、および粉粒体が流れ出る速度は、周期的に変動する。

（四）粉粒体が流れ出る速さは、出口の直径の二・五乗から三・〇乗に比例する。

（五）粉粒体が流れ出る速さの時間平均値はホッパー内に残っている粉粒体の量に無関係である。

（六）出口にパイプをつけると粉粒体が流れ出る速さが増大することがある。

（七）出口の直径が粉粒体の直径の六倍以下の時は粉粒体は流れ出ない（目詰まりを起こす）。

これでは「七不思議」と言われても、何が不思議なのかちっともわからない。しかし、水のような「流体」に比べてみると、その不思議さがわかってくる。

たとえば、（一）だが、流体ならばこういうことは起きない。だいたい、我々が感じている「大気圧」というのは、我々の頭上にある空気の重さである。人間が宇宙空間で生きていけないのは真空だから、という説明があるが、本当のことを言うと、空気はあるけれど人間が生きていくには薄過ぎるだけである。宇宙空間では無重量のためこの空気の重さによる大気圧がないので、空気が濃くなることができない。その結果、空気が薄くなってしまい人間が生きていける限度を超えてしまう。だから、空気が（一）のような性質を持っていたら、人間など存在しなくなってしまう。一方、人間が不用意に深海に行くと死んでしまうのは、深海に行くと頭上にある水がすべて圧力としてかかってくるからである。だいたい、一〇メートル潜ると水圧は一気圧増える。地上の気圧がだいたい一気圧だから、一〇メートル潜るごとに圧力が二倍、三倍となっていくわけだ。

粉粒体ではこうはならない。これは大事な性質で、もしこういう働きがなかったら、大きな山の真ん中にトンネルを掘るなどという芸当はできるわけがない。山は、岩や砂や土が積み重なってできたものだから、大まかには粉粒体と思っていいが、山の麓にトンネルを掘ったからといって、山の重さが全部トンネルにかかってきたのではトンネルはつぶれてしまう。岩石や砂の密度は水の数倍あるから、一〇〇〇メートルの山の麓にトンネルを掘り通すのが、数千メートルの深海に中空のチューブを置くのと同じになり、不可能になってしまう。七不思議の（一）があるからこそ、トンネルを掘ってもつぶれないのである。

これは多分、（五）とも関連している。ホッパーの中に入っているのが粉粒体ではなく水なら、ホッパー内の水の量が多いほど、水は激しく噴き出す（正確には、ホッパー内の水の深さの平方根に比例する）。それから、（四）では、水ならば流れ出る量は穴の大きさに比例するから、直径の二乗でなくてはならない。粉粒体の場合は、穴が大きくなるに従って、急激に流量が増大する。（七）のようなことももちろん、水では起きるわけがない。（七）で言っていることは、「どのような粉粒体でも」（米でも、砂でも、食塩でも）だいたい粒子の直径の六倍程度の穴でないと流れないということなのだから、かなり奇妙なことである。

我々は砂時計の砂が「流れる」と言うけれども、本当のところは水のような流体が「流れる」のとはずいぶん違うことがわかる。

砂時計の原理

さて、以上のことを踏まえて、砂時計について考えてみよう。ここで冷静に考えてみると、どうして砂時計でなくてはいけないのかあまり良くわからないことに気づく。砂でなくて水を入れて水時計にしてはなぜいけないのだろうか？

別にいけないことはないけれど、ちょっと不自由なことがある。それは、水では流れ出る速さが一定ではなく、容器の中の水の量が多ければ多いほど、水はどんどん流れていってしまうということだ（実際はマリオットの器、と呼ばれる特別な容器を使えば、「水時計」でも、流れ出る水の量を残っている水の量によらず一定にすることはできるけれど、これは近代科学が成立してからわかったことである）。当然、長い時間を測る「水時計」ほどいっぱい水を入れておかないといけなくなり、不便である。具体的に計算してみると、水時計に蓄えなくてはいけない水の量は時間の長さの二乗に比例することがわかる。

たとえば、一分計と二分計を比べると時間は二倍だけれど必要な水の量は四倍になってしまう。一日計を作ろうとすると、砂時計なら（一日は六〇分×二四時間＝一四四〇分なので）一四四〇倍ですむが、水時計ではその二乗で二〇〇万倍以上になってしまう。仮に一分計に必要な水と砂の量が同じ一グラムとしても、砂時計では一・四キロ余りの砂ですむのに、水時計では二トン以上になってしまう。これではあまりに非現実的である。

また、時計というのはある程度「あと、どれくらい時間が残っているか」を判断できたほうが望ましいが、砂時計なら落ちた砂の量が経過時間に比例するので三分計で半分砂が落ちていれば一分半経ったことになるけれど、水時計ではそうはいかない。一〇時間計を作って時間を測りはじめ、九時間経った時を考えよう。砂時計では全体の一割の砂が残っているが水時計では一パーセントしか残っていない。これはとっても見にくい時計と言えよう。このような様々な利点のおかげで、水時計ではなく砂時計が発明され、また、長く生き残ってきたのではないだろうか。

一方、そのように長く生き残ってきた砂時計があまり進歩もしなかったのは、どのような不利益があるせいだろうか。皆さんが見たことがある長時間の砂時計はどれくらいだろうか？　普通、三分とか五分ではないだろうか。水時計よりは長時間のものを作りやすいとはいっても、砂時計にはまた別の限界がある。それは簡単に言うと「模型を作ってみることができない」ということである。

模型が作れない、とはどういう意味か。どんなものを作る時でも、大きなものを作る時は小さな模型を作ってみるものである。市街開発計画しかり、巨大タンカーしかり。飛行機を作る時も小さい模型を作る。その模型を空を飛ばす代わりに、模型は固定しておきそれに風を吹き付けることにより、空中を高速で飛ぶ時に飛行機の周りにどのような空気の流れが生じるかあらかじめ知ることができる。ところが、砂時計ではこのようなことは一切できない。小さな砂時計を作って大きな砂時計がどのように振舞うかをあらかじめ知ることはできない。水時計（がもし作れるなら）ではこのような問題はない。小さな水時計を作って実験すれば、巨大水時計がどのように振舞うかをかなり正確に知ることができる。ただ模型の水時計を大きくしたものを作ればすんでしまう。

砂時計でこれができないということは、七不思議の（七）に良く表れている。砂時計を自

図1－1　一年計砂時計（島根県大田市仁摩町）。巨大な砂時計（全長5メートル）がさらに巨大なガラス製の三角錐の中に納められている。

己相似的にどんどん小さくしていくと、穴が粒子の大きさの六倍以下になった時、突然、粉粒体は流れ出ることができなくなってしまう。このようなことはその大きさのものを作ってみて初めてわかることであり、大きさの違う模型で実物の振舞いを予測できないことを示している。小さなもので作って大きな砂時計の挙動を予測できるなら、このような「六倍」という絶対的な大きさがあってはいけない。

実際には砂時計は一年計まで存在する。この砂時計は、ふるさと創生事業の一環として島根県の大田市仁摩町に作られたものである（図1－1）。大きな砂時計だからなんとなく砂時計の砂の流れる穴も大きいような気がする。実際、僕もあまり深く考えることもなく漠然とそう思っていた。ところが実際に話を聞いてみるとそんなことはまるでなくて、穴の部分の大きさは小さな砂時計とほとんど変わらない。譬(たと)えていえば、普通の三分計の砂の入っているホッパー部分を数メートルの大きさにしたようなものである。これでうまくいくのは七不思議の（一）や（五）のおかげである。

粉粒体がどのくらい高く積み上がっていようが砂の流れ出る速度は変わらない。もちろん、実際にはそれほど単純ではないけれど、このような設計の仕方は粉粒体だからできるのである。粉粒体以外のものは全体が大きければどの部分もそれ相応に大きくなる。巨大トラックのタイヤは普通の乗用車に比べて大きいし、大きなタンカーのスクリューは小さなボートのスクリューより大きい。しかし、巨大な砂時計の穴は小さいままなのである。これはきわめて珍しいことである。

砂時計の砂はどう流れる？

このようにいろいろ奇妙な挙動を示す砂時計、あるいはホッパーの中の砂の流れはどうなっているのだろうか。どうも、水が流れるのとはずいぶん違うような感じがする。どんなふうに違うのかがわかれば、七不思議の理由もわかりそうな気がする。

この疑問に答えるのはとても難しい。なぜ難しいかというと答えは簡単で、粉粒体は中が見えないからである。砂時計を渡されて「穴から砂が流れる様子をスケッチしなさい」などと言われてもできない相談である。この、中が見えない、という問題点が粉粒体の研究に立ちはだかる大きな壁であった。それでも、昔の人はいろいろ考えている。たとえば、ホッパーの粉粒体の中に鉛の薄板でできた格子を埋めておき、粉粒体を少し流しては止めて、X線写真をとり、また少し流しては止めてX線写真をとり、とやる。しかし、このような方法では動画の撮影が無理だし、だいたい、鉛の格子の存在が粉粒体の流れに影響してしまうかも知れないから、結果の信頼性が悪くなってしまう。

粉粒体の流れの可視化の一つのやり方は、奥行きをなくして平面にしてしまうやり方である。昔、子どものころ、アリの巣の生態観察、とか言って、二枚のガラス板にはさまれた部分に土を入れて巣を作らせ、ガラスごしに巣の様子を観察したことがあるのではないだろうか（まあ、滅多にうまくいかないのだが）。それと同じことを粉粒体でもやるわけだ。具体的には、直径が数ミリのガラスの玉やステンレス球を、直径の長さ程度距離をあけて鉛直に立てた二枚の透明な板の間に入れて、粉粒体のモデルにする。あるいは、細くて長い丸太のような円柱を積み上げて、横から眺めても良い。これだったら、透明板ではさむ必要はない。このようにしてホッパー中の粉粒体の流れのモデル実験をした写真が図1－2である。

明らかに、水が流れるのとは大きく異なっている。全体が一様に流れるのでなく、まず、左半分が流れ、次に右半分が流れ、というふうに順番に粉粒体が流れ出ていく。水だって、完全に左右対称に流れるわけではないけれど、ここまで極端に流れているところと止まっているところができはしない。それにこれはとてもおかしな流れ方である。元の状態は左右対称なのに、わざわざ対称性を破るような流れ方をする。これは、実験を始める前の粉粒体（ここでは棒）の並べ方に注意深さが足りなかったからで、もっと、注意深くやれば対称な

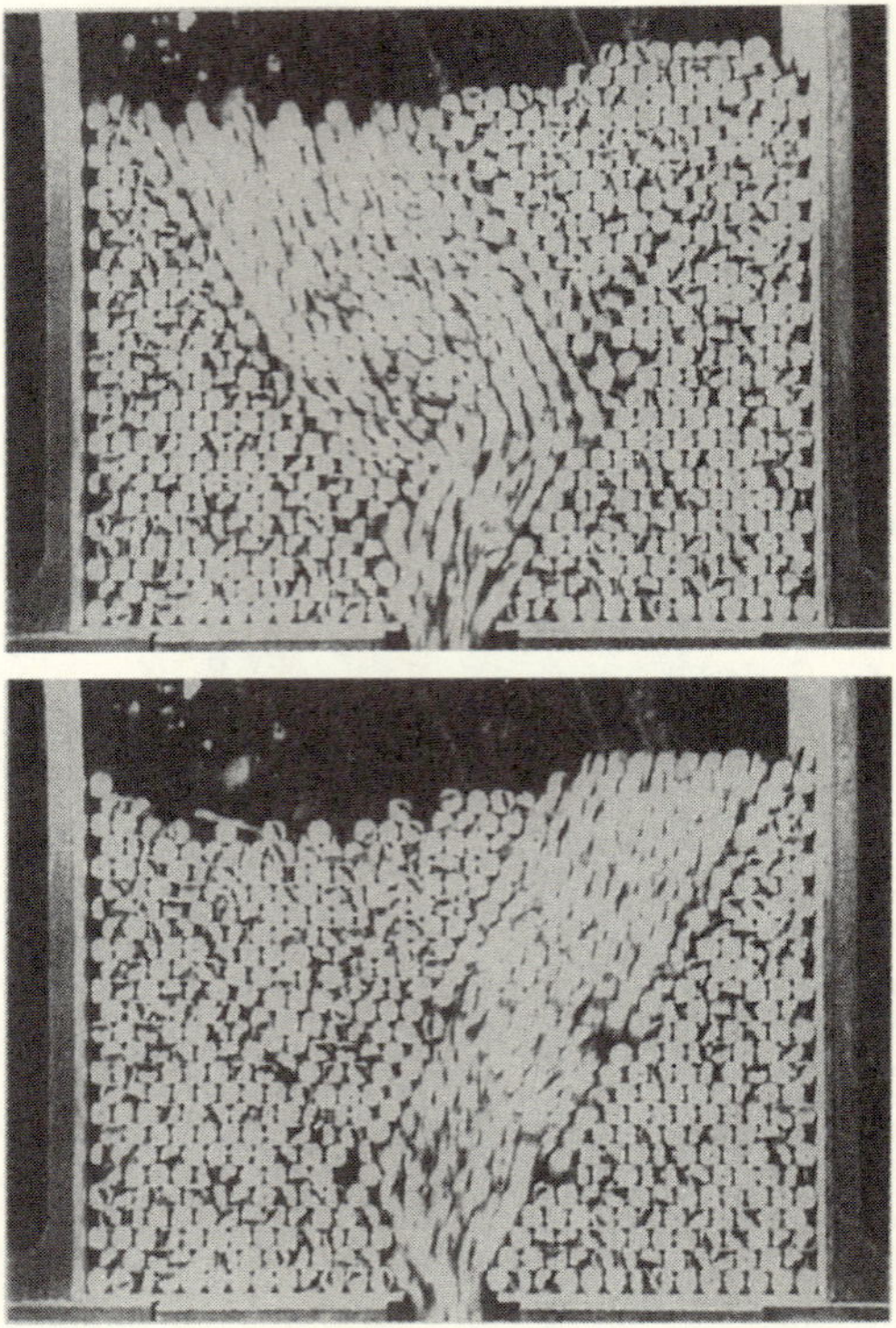

図１－２　ホッパー流のモデル実験。直径５ミリ程度の同じ太さのアルミ棒を積み上げて、二次元の粉粒体のモデルにする（神戸大学農学部阪口秀氏提供。肩書は1995年当時のもの〈以下同〉）。

流れが実現するのだろうか？

多分、そうではないと思う。どんなに実験を注意深くやっても、ほんのわずかな初期の積み方の非対称性が大きく成長して、対称でない流れを生み出してしまうのだと思う。これを「自発的な対称性の破れ」と言う。たとえば先の尖った鉛筆を尖ったほうを下にして立ててから手を離してみよう。どのように注意深く鉛筆をまっすぐ立てても、鉛筆は倒れてしまうだろう。鉛筆を立てる、という作業自体は完全に対称で、鉛筆はどちらにも倒れるはずはないが、ほんのわずかな揺らぎが影響して鉛筆は倒れてしまう。倒れた後はもともとあった対称性が壊れているので「対称性の破れ」と言う。粉粒体の流れもこれと同じで、粉粒体の積み方のわずかな揺らぎが左右非対称の流れを生んでしまう。

このような奇妙な流れ方をしており、また、この奇妙な流れ方を人間が制御できる精度の範囲内では止めることができないために、粉粒体の七不思議のような奇妙な現象が起こってくる。実際、この左右に偏った流れが、七不思議の一つである（三）の周期的な変動の原因の一つになっているのかも知れない。まず左が流れ、次に右が流れる、という時には、どうしても、一瞬、流れが停止しなくてはいけないだろうから。

ところで、この粉粒体の流れ方を見て何かを思い出さないだろうか。満員電車の出口のあたりの人の動きを考えてみよう。まず、ドアの左側の人が出ていく。次に、ドアの右側の人が出ていく。このように互い違いに出ていくのではないだろうか。我々はこれは譲り合いの精神から出る当然の動きと思っているけれど、ひょっとするとそうではなくて、無意識のうちにもっとも生じやすい流れ方をしているのではないだろうか。一人一人の意志などは無視されているのかも知れない。

目詰まりはなぜ起きる？

七不思議の（七）の目詰まりの原因が、じつはこの、非対称な流れに関係しているらしい。つまり、流れが右から左へと移り変わる瞬間にちょっとタイミングがずれて、右が止まる前に左がわっと流れてしまうと、両方の流れがぶつかってしまって、にっちもさっちもいかなくなって立往生するようなのである。ちょうど、満員電車から降りる時、左右の人があせって同時に降りようとするとかえって降りられなくて立往生するようなものだ。人間なら、ここであせったことを反省し、後ろへ引き返すこともできるが、粉粒体の場合はそうはいかない。下向きの重力が働いているだけだから戻りようがなく、動きが止まってしまうのである。

この実験は数値計算でも再現することができて、やはり、非対称な流れが生じてくる。今まではっきり書かなかったけれど、これらの計算や実験は七不思議の（七）にひっかかる大きさ（つまり、穴の大きさが粒径の六倍以下）で行なわれている。数値計算で、穴の大きさがこの制限にかからないような条件で計算した人がいるが、この場合、面白いことに非対称な流れが生じてこない。流れは対称なままで、もちろん目詰まりも生じない。だから、どうやら目詰まりは流れに非対称性があって、右の流れと左の流れの切り替えの瞬間に起きていると思って良さそうである。

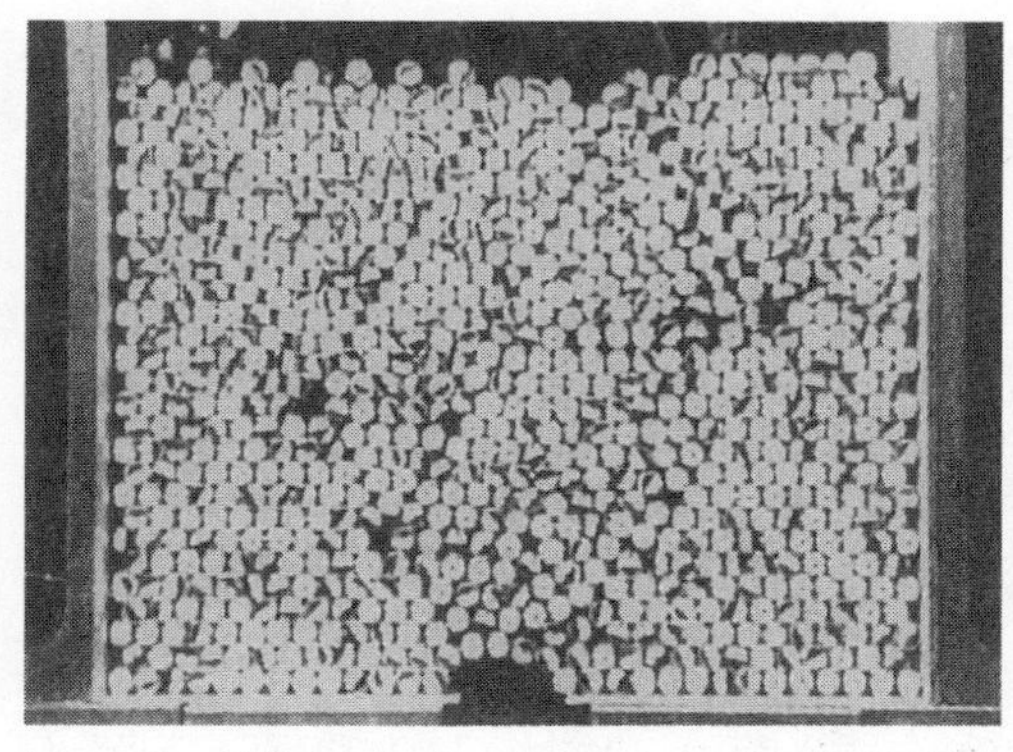

図１－３　目詰まりしているホッパーの穴の付近の拡大写真（神戸大学農学部阪口秀氏提供）。

目詰まりが生じる理由はわかったが、ではできた目詰まりがどうしてそんなに安定なんだろうか。ちょっとひっかかってもまた流れ出しそうなものだ（なにしろ、穴の大きさは粒子の直径の四倍とか五倍とかあるのだ）。ここで、目詰まりしているホッパーの穴の付近を拡大してみよう（**図１－３**）。粒子がきれいなアーチを描いていることがわかる。アーチというのはもともと、煉瓦で丸い屋根を支えるにはどうするかという問題を解決するために人間が考えた構造である。アーチ構造をとることにより、屋根にかかる重力は水平方向に配分され、煉瓦で組んでも丸い屋根を支えることができる。

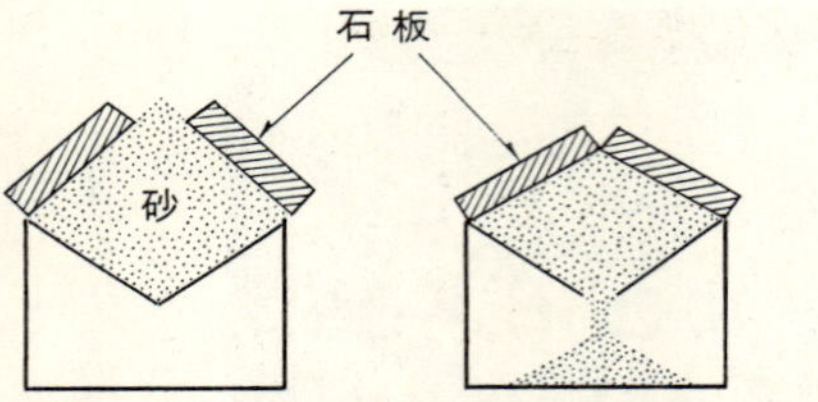

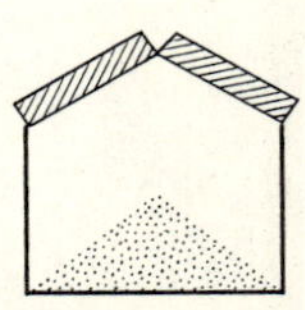

図１－４　古代エジプト人が岩で屋根を作るのに使ったとされる方法。建物に砂を山盛りにし、その上に岩を置いてから砂を流し出すと、自動的にうまくもたれ合う。

人間が慎重に準備しないと実現しないアーチ構造を、ただ粉粒体を流しただけで実現するのだからなかなか奥が深い。ただ、古代エジプト人はこのことを巧妙に利用していた節がある。

粉粒体ではないけれど、平たい二枚の大きな岩を斜めにちょうどお互いが支え合うように置くにはどうするか。まず、壁まで作った後、建物に砂を詰め、山盛りにする。その上に平たい石板を載せて、その重みで砂が自然と流れ出すのに任せる。すると、石板はちょうどお互いが支え合うようなかたちで引っかかるという。砂漠の民は現代文明を築き上げた僕らより砂の挙動に詳しかったのかも知れない（図１－４）。

粉粒体の流れはなぜ一定か？

このアーチの形成というのが、七不思議の（一）と（五）に関係してくる。安定なアーチができるのは穴の大きさが粒子の大きさの六倍くらいかも知れないが、より大

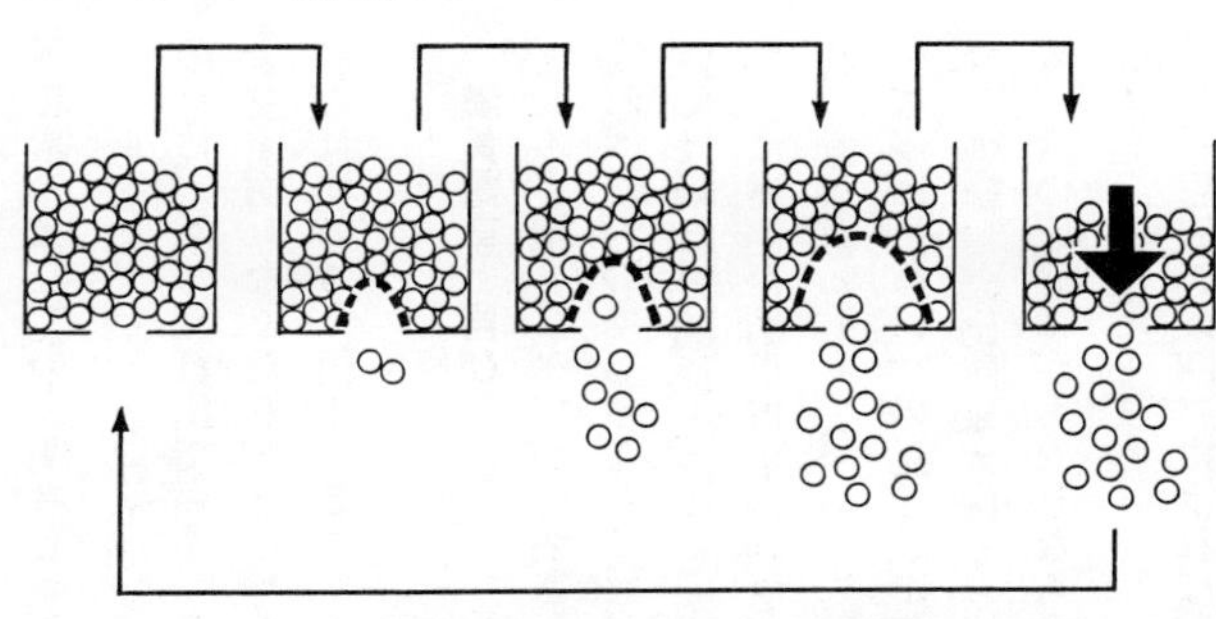

図１－５　アーチと周期的な流れの説明図（日高重助『粉体工学会誌』1992年６月号より描き直す）。

きな不安定なアーチであっても、上からかかる力のかなりの部分を水平方向の力に変えて側壁へと伝えることができる。このアーチが上からの圧力を壁に逃がしてしまうため、粉粒体が容器に大量に詰まっていても上のほうの粉粒体の重みは下まで伝わることなく、分散されてしまう。これが、粉粒体の量がいくら増えても底の部分の圧力が大きくならない理由である。

このように下に力が伝わらないからこそ、粉粒体の流れは粉粒体層の高さによらず、一定でいられるわけだ。粉粒体を穴から押し出す力は結局は自分の上にある物の重さだから、それがどんなにたくさんあっても自分が感じる重さが変わらないとなれば、当然、穴から押し出される量も粉粒体全体の量にはよらないことになる。

穴が十分に大きければ粉粒体の流れが左右非対称になることはないと書いた時に「あれ、じゃあ、七不思議の（三）の説明はどうなるの？」と思った人がいるかも知れないが、目詰まりが起きない時にはこのアーチが重要な役目を果たす。まず、穴のそばが崩れ、その上が崩れ、と段々に穴から流れ出ていく。そのうち、穴のそばがからっぽになり、その上のアーチが重さを支え切れなくなり、どさっと崩れる。この繰り返しが周期的な運動をもたらすのだと、信じられている（図1－5）。

満員電車、再び

七不思議のすべてが解明されたわけではないけれど、砂時計の中の粉粒体の流れがかなり変わったものであることは感じとってもらえたのではないだろうか。七不思議の（四）については紙数の関係上説明を割愛するが、その代わり、その結果を用いて、これで「はじめに」に述べた満員電車の話を説明できるかどうかやってみよう（「はじめに」を読み飛ばされた方がおられたら、お手数ですが、「はじめに」を読んでから以下の部分をお読み下さい）。「はじめに」の話を読んで僕らが奇妙に感じるのは、電車から流れ出す人の量は穴の大きさの総和に比例するはずだから、大きな穴を一つ開けても、小さめの穴を幾つか開けても、穴の総面積がおなじならあまり変わらなそうに見えるからだ。それなのに、結果はずいぶん違う。どうしてか。

七不思議の（四）によれば、粉粒体の流れ出る速さは穴の直径の二・五乗から三乗に比例するという。簡単にするため以下では三乗としよう。さて、直径が四（つまり半径が二）の穴を四つ開けるとしよう。円の面積は半径の二乗に比例するから、穴の一つ当たりの面積は四の程度である（正確には四π）。これが四つあるのだから、全部で一六である。その代わりに直径八（つまり半径四）の大きな穴を開けよう。これでも穴の総面積は一六で同じである。

さて、粉粒体の流れ出る速さは穴の直径の三乗に比例するとしたので、直径四の穴一つから流れ出る量は六四の程度、これが四つで二五六の程度となる。次に直径が八の大きい穴はどうか。ここから流れ出す量は五一二である。このように、穴の総和が一緒でも流れ出す粉粒体の量は変わってしまい、大きい穴一つと少し小さい穴たくさんではあまり違わないはずだという直感は通用しない。

この結論では大きなドアを数少なく用意したほうがいいはずだから、A社のほうが早く乗り降りできるはずである。どこがいけなかったか？

人間の大きさはどのくらいだろうか。多分、肩の幅が扉を通り抜ける時に問題になる大きさだ。人間の肩の幅はだいたい四〇センチくらいであろう。この六倍ないと七不思議の（七）にひっかかってしまう。六倍というと二四〇センチである！　電車の扉の幅がこんなに広いわけはない。これがいけなかったのではなかろうか。A社は扉の数を思い切って減らし（二つとか）、ドアの幅が二四〇センチより大きくなるようにすべきだったのではないか？　そうすれば、ドアの数を増やしたB社よりずっと早く乗り降りできたのかも知れない（もっとも、これを信じて電車を設計して乗り降りが早くならなくてもちょっと責任は負いかねる。「大きなドアを開けるのには時間が余分にかかるから」という粉粒体とは全然関係のない理由だって考えられるし）。

交通渋滞

東京から筑波研究学園都市まで行くのにはいろいろなやり方があり、つくばエクスプレス（TX）もあるが、東京駅から出ている高速バスを利用することもでき、その場合、東京駅から筑波研究学園都市まで一時間五分で行くことができる。ところが、帰り（筑波研究学園都市から東京駅）はなぜか一時間半かかる。こんなことってあるだろうか？　これが川や海を通る船ならばわからないこともない。川ならば流れがあるので、上りと下りで行きと帰りの時間が異なっても当然だし、海だって、潮流というものがあるから、進む方向で船の速度が違うかも知れない。しかし、高速道路を通る高速バスで行きと帰りにかかる時間が違うなんてあるだろうか？　何かが流れているわけでもないのに。

考えようによっては、しかし、やはり、何かが流れている。流れているものは車自身だ。多数の人々が東京に車でやってきて用事をすませ、また東京から帰っていく。あるいは、北からやってきて東京を通り抜け南へと向かっていく。そこには、車の「流れ」というものがあり、高速バスはその流れの中を「航海」しているのである（もちろん、バス自身も流れの一部だけれども）。この流れが水の流れであれば行きと帰りは同じ時間かも知れない。しかし世の中はそんなに都合良くできていなくて、「渋滞」という、水の流れでは起きないことが起きてくる。都心部の渋滞のおかげで、都心部から出ていくのよりも、都心部に入ってくるほうが時間がかかるのである。

渋滞の成因にはいろいろある。たとえば、事故や工事で道の通行が制限される場合だ。あるいは、交通信号でもいいかも知れない。滑らかに流れているものを無理矢理妨害するのであるから、渋滞が生じて当然である。渋滞の中で車を運転していると事故の跡があったりして「ああ、このせいだったか」と思うこともあるけれど、いつの間にか渋滞が解消してしまって、「今の渋滞は何だったんだろう」と思うことも多い。こういうのを「自然渋滞」と言う。事故や工事のような原因がなくても渋滞は生じ得るのである。

このような自然渋滞はどうして起きるのだろうか。車の流れが水のような流れであれば渋滞のようなことは普通は起きない。車の流れはどのような流れか？　車はそれ一つ一つが粒子と見ることもできるから、車の流れ全体は粉粒体と見られないだろうか？　粉粒体で渋滞は起こせるだろうか？

鉛直に立てたパイプを用意する。これが道のつもりである。車の幅は道の幅の半分とか三分の一とかだが、あまり細いパイプを使うと目詰まりしてしまうので、粒子の直径の一〇倍

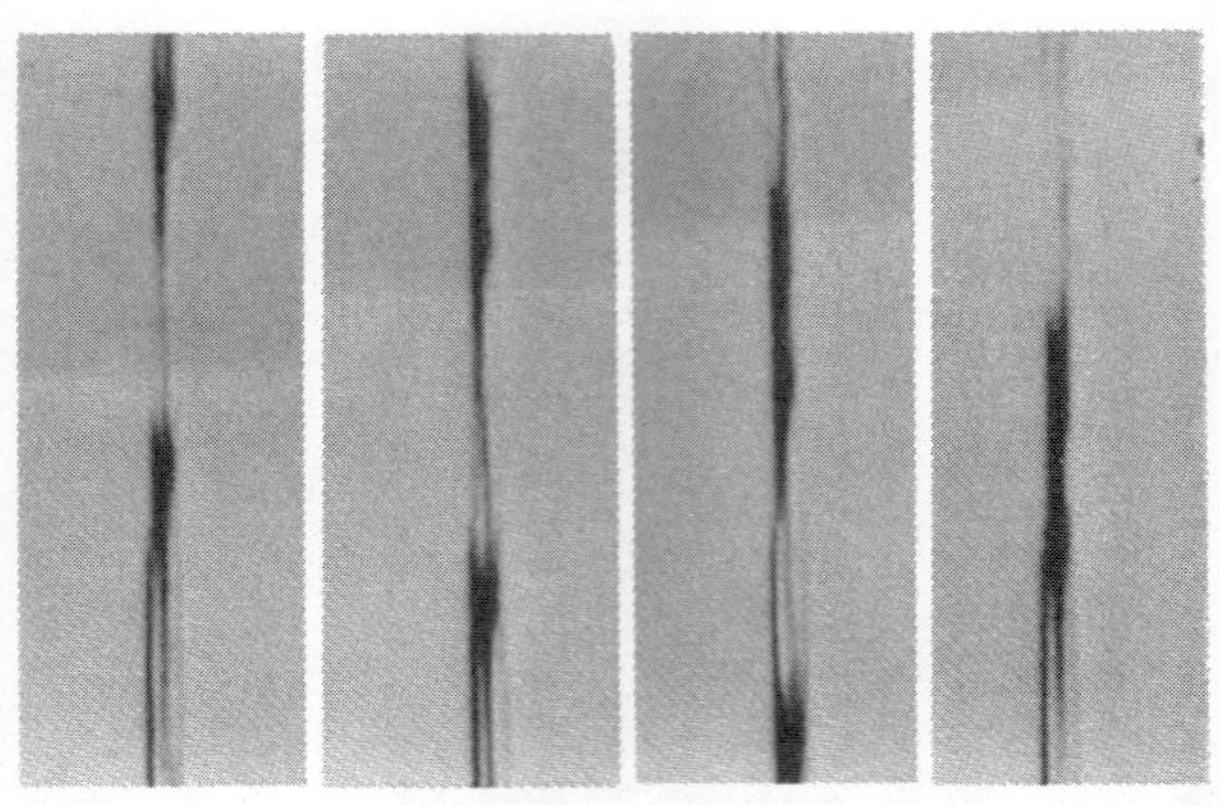

図1－6　ガラス管の中を流れ落ちる粉粒体（中央大学理工学部松下貢、中原明生、堀川新の各氏提供）。

くらいの太さの細長い管を鉛直に立ててその中に粉粒体を流すことにする。これだけでは面白いことは起きないけれど、管の下端をちょっと細くしてやって、空気の流れが流れにくくなるようにしてやると面白いことが生じてくる。

図1－6にガラス管の中に砂を流した時の様子を示す。ガラス管の上端の砂の流れはじめのところでは砂は滑らかに流れているが、ガラス管の中ほどに来ると流れがスムーズでなくなり、粉粒体の固まりができてくるようになる。この固まりが動く速度は粉粒体自身が流れる速度とは異なっている。図で固まりが下に向かって流れ落ちているが、粉粒体自身が流れ落ちる速度はこの固まりの速度よりずっと速い。また、最初、写真には二つの固まりが写っているが

（写真左）、それが後のほうで合体しているのがわかる。つまり、固まりごとに違う速度で移動するわけだから、粉粒体自身の流れ落ちる速度とは一緒になりようがない。

この固まりの部分を渋滞している部分、そうでないところを渋滞していない部分と思うと、これが渋滞を含む車の流れと良く似ているのである。たとえば、粉粒体流では固まりが粉粒体自身の速度とは異なった速度で移動していたが、これは自然渋滞でもありうることである。粉粒体粒子が流れ落ちる速度が車の速度であるとすると、固まりの移動速度は渋滞している部分の速度である。自然渋滞では工事や事故のように渋滞を引き起こす要因が特定の場所にあるわけではないので、渋滞している場所自体が移動する。この渋滞している場所の移動が固まりの移動だと考えることができる。

1／fノイズ

粉粒体の流れと車の流れは良く似ているがどの程度似ているのだろうか。この「どの程度似ているか」ということの判定基準になるのが、1／fノイズ、と呼ばれるものである。今では1／f扇風機などというものを売っているので、1／fというものを体験できるようになった。1／f扇風機を買ってスイッチを入れ、風に当たってみると、風の強さが一定でなく、強くなったり弱くなったり揺らぐことがわかる。そして、この揺らぎ方はとりとめもなく、同じ揺らぎ方の繰り返しでもない。実際、現実の風はいつも同じように吹いているわけではなく、強くなったり弱くなったりする。

1／fノイズというのはもともと、電気回路の熱雑音の中に見つかったものである。電気回路は電源が切れていれば信号は流れていないはずであるが、実際には電源が入っていなくても微小な電流が流れている。その方向や流れ方は一定ではなく、常に揺らいでいる。これを熱雑音と言う。この熱雑音の揺らぎにはどれくらい長い周期の揺らぎまで含まれているかを測っていくと、驚いたことに周期の長いものほど多く含まれていることがわかる。そして、どこまで測っても周期の長さに限界はないことがわかった。これを1／fノイズと言う。「周期の長さに限界がない」「いくらでも長い周期がある」「揺らぎが周期的ではない」ということなので、1／fノイズが観測されるということは運動が周期的でないことを表すのである。

一九七六年に武者利光が高速道路で車の流れの揺らぎを測り、これが1／f揺らぎであることを発見した。この場合、揺らぐものは車の通る頻度である。高速道路の脇に立ち、車が通る頻度を測る。すると、ある時は続けて車が通るかと思えば長いこと車が通らず、それから車の集団がやってくる。それが通り過ぎるとまた長く待つのかと思うと、こんどは次の集団がすぐにやってきたりする。このパターンは決して繰り返されることがない。これが1／f揺らぎである。

粉粒体の流れそのものでも1／f型揺らぎが観測されるらしいことも、わかってきた。また、比較的信頼性のある数値計算の方法で粉粒体の流れを再現し、固まりの生じる流れを作り出して揺らぎを計測すると、1／f型の揺らぎが計測されることも知られている。したがって、粉粒体の流れと車の流れは本当に良く似ていることがわかる。

付記　その後、パイプ流の数値計算、パイプ流の実験、および、交通渋滞を再現するために導入された数値モデルのすべてにおいて揺らぎの精密な計算が行なわれ、この三者のすべてが同じ1／f型（正確にはfの約一・五乗分の一）の揺らぎを持つことが定量的に示された。

粉粒体の流れと車の流れが良く似ているのはどうしてだろうか。まず、粉粒体の流れでどうして固まりができるのかを考えてみよう。ガラス管の上部の辺りの砂が流れはじめるところでは砂は一様に流れ落ちている。ところが、砂の粒子がお互いに衝突を始めるとそうはいかなくなる。粉粒体の粒子と粒子の衝突は非弾性衝突であるからである。衝突には非弾性衝突と弾性衝突の二種類がある。弾性衝突では衝突の前後でエネルギーが失われることがなく、衝突の前後で粒子の速度が変わらない。非弾性衝突では衝突でエネルギーが失われて衝突の前より後のほうが速度が遅くなる。もっともひどい非弾性衝突では速度が全く失われてしまう。ちょうど、粘土を壁にぶつけるとくっついてしまうが、これが究極の非弾性衝突である。あるいは、粒子の間にある気体／液体との相互作用も固まりを作り出す原因になろう。粒子同士が近づくとその間の流体は圧縮されたり引き伸ばされたりするので、流体の変形に要する分だけ粉粒体の粒子の速度が小さくなるからだ。だから、これも非弾性衝突と同様、粒子の速度差を小さくする効果を持つ。

ガラスやステンレスのような典型的な粉粒体の材料では、非弾性衝突の前後の速度比が九割から八割くらいであるから、たとえ空気の影響を考慮したとしても、一回の衝突では固まりができるほどエネルギーが失われることはない。しかし、衝突は短い時間に何度も繰り返され、そのたびにエネルギーが失われていく。衝突一回当たり速度が一割しか減らないとしても一〇回も衝突すればどうなるか。

$$0.9^{10} \approx 0.35$$

で速度は三分の一程度に減ってしまう（≈は近似的に等しいという意味）。エネルギーは速度の二乗に比例するから、エネルギーは

$$0.35^{2} \approx 0.12$$

で一〇分の一になってしまったことになる。

こうしてエネルギーが失われて固まりができると、後から落ちてきた粒子がこの固まりにぶつかってますます固まりが大きくなる。ある程度固まりが大きくなると今度は最初に固まりになった部分、つまり、固まりの下端の部分が崩壊して再び下方に落ちはじめる。このよ

うに固まりは粉粒体の衝突で生じるのだが、それがそのまま落ちていくのではなく、上方から落ちてくる粉体粒子の固まりへの取り込みと固まり先端部での崩壊を伴いながら、外から見ると、あたかも固まりが固有の速度で移動しているように見えるのである。

次に車の流れを考えてみよう。車はすべてが同じ速度で動いているわけではないので、遅い車の後ろに速い車がいることもある。遅い車に追いついた速い車は仕方がないのでブレーキを踏んで速度を落とし、遅い車の速度にあわせる。これが粉粒体の流れにおける非弾性衝突によるエネルギーの損失と同じ効果を生む。一度、このような連なりができてしまうと、後ろから来た速い車は次々とこの連なりに追いついてますます列は長くなる。

結局、渋滞が生じる理由は衝突が非弾性であることによっている。実際には弾性衝突をする粉粒体などないけれど、前述の数値計算で衝突を弾性的に変えた仮想粉粒体で計算をしてみることはできる。その結果を見ると見事に固まりは消えてしまった。渋滞が生じるのは固まりができるからである。固まりは非弾性衝突で生じる。車で言えばブレーキを踏むことにより車が連なって渋滞になるのである。だから、渋滞を避けたければブレーキを踏まないようにする、そのためには車同士の速度差がないようにする、つまり皆が協調して同じ速度で走行すればいいのである。下手に急いで人より先に行こうとしたり、意味もなくゆっくり走ったりする人がいるために列が乱されて渋滞になるのである。

人間は頭がいいつもりでいるけれども、全体の状態がわからないほど多数集まって群衆になってしまうと、たかだか粉粒体程度の知恵しかないらしいことが良くわかって面白い。

雪崩

雪、というのは立派な粉粒体の一種である。空から降ってくる時は粉が降ってくるのだから粉粒体なのはもちろんとして、積もって凝集し少し大きめの結晶の集まりとなった後も、典型的な粉粒体と見ることができる。雪崩というのはその中でも非常に劇的で、粉粒体ならではの現象である。いわゆる雪崩遭難というのは雪崩に流されて死ぬのではなく、雪崩に埋まって死ぬのである。まず、雪崩に巻き込まれて足をすくわれ雪崩とともに流される。しかる後、雪崩が傾斜の緩いところに到達すると雪崩は止まるが、運悪く深いところにいる時に雪崩が止まってしまったらアウトである。ついさっきまで水のように流れていた雪は、止まったら最後、まるでそこにずっとあった土砂のようにビクともしなくなってしまう。生き埋めになってそれまでである。

この挙動は雪崩に限ったことではなく、土石流、火砕流、土砂崩れなどすべて、流れている時は水のように見えるが、動きが止まった途端、固体のようになってしまう。これは一体なぜだろうか。

粉粒体の固体を維持する力

再び、棒を使った粉粒体のモデル実験を使おう。側壁のある容器に棒を並べておき、側壁の片方を不意に取りさる。これは雪崩のいいモデルになっている（図1－7）。側壁を取り除くと棒が流れはじめるが、ある程度流れた後斜面を形成して停止する。このモデル系を用いて、粉粒体が流体になったり固体になったりする理由を考えよう。

粉粒体でない普通の物質も固体になったり、流体（液体や気体）になったりする。というより、この世の物質はすべて、条件によって液体になったり、固体になったり、気体になったりすると言うほうが正しい。水は冷やせば氷になるし、熱すれば水蒸気になる。我々が呼吸している空気も圧力を上げれば液体になる。そういう意味では粉粒体も通常の物質と良く似ていると言える。

通常の物質の固体というのは原子や分子がたくさん集まってできたものである。我々の目には連続した固まりのように見えるが、細かく見れば目に見えないほど小さな原子が無数に集まってできている。原子同士や分子同士が集まっているのは分子間や原子間に引力が働いているからだ。

これに対して、粉粒体の固体状態というのは粒子間に引力が働いているわけではない。重力によって粉粒体が互いに強く押しつけられているので、粒子同士が滑ることができず、固まってしまう。これが粉粒体の固体である。だから、宇宙空間のように無重量のところへ行けば粉粒体を互いに押しつけている力がなくなり、その結果、粒子同士が滑ることができる

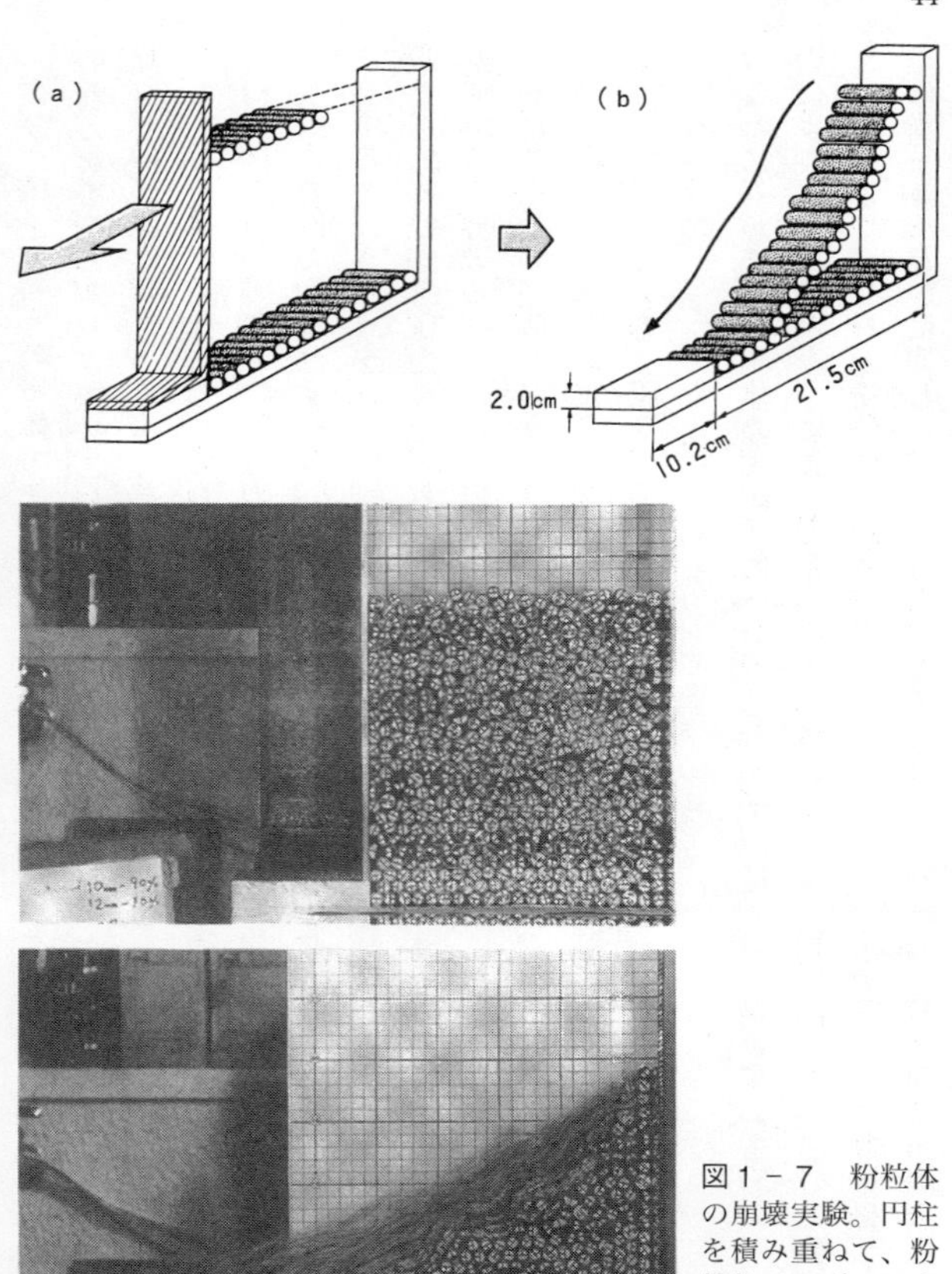

図1－7　粉粒体の崩壊実験。円柱を積み重ねて、粉粒体のモデルにする（神戸大学農学部阪口秀氏提供）。

ようになり、粉粒体の固体は「融けて」流体になってしまう。これが通常の物質が固体から流体に変わる場合との大きな違いである。

普通の物質で固体が流体になる理由は、温度が上昇することなどにより固体を構成する原子や分子の持つ速度が大きくなって、原子や分子の間に働いている引力では原子や分子を引き付けておけなくなるからである。これに対し、粉粒体の場合は、個々の粒子をお互いに押しつけている力自体が変化してしまい流体になる、ということが起きる。粉粒体の固体を維持している力は「強く押しつけられているのでお互いが滑ることができない」という力であり、押しつける重力がなくなった途端に消えてしまうようなものなのである。

粉粒体に形はあるか？

粉粒体の「固体」は重力がなくなると消えてしまうような脆(もろ)いものだが、これに対して、お互いに引力で結びあっている普通の物質は（純度を高くしていけば）結晶という決まった形をとることが知られている。結晶は細かく見れば、結晶を形づくっている一つ一つの原子がきれいに並んだ時にできる形である。それを人間の目で直接見ることはできないが、結晶を割った時に割れやすい方向などはこの原子の並び方で決まってくる。たとえば、雲母は紙のように薄く剝がれるがこれも目には見えない結晶の形の反映である。

重力によって押しつけられてできる粉粒体固体の場合は、結晶のように粒子が規則正しく並ぶことはないが、それでもある決まった形をとる。たとえば砂浜へ行き、乾いた砂を手にとってサラサラと落としてみる。すると、砂は砂浜に小さな山を作るだろう。さらに多くの砂を手にとり、できた小さな山の上に降り積もらせると山はさらに大きくなる。しかし、山が大きくなっても山の麓の傾きはほぼ直線のままで、また、傾きもほぼ一定のままである。この傾きが「安息角」と呼ばれる角度であり、粉粒体固体がとる決まった「形」である。

安息角は粉粒体同士の滑りにくさで値が決まってくる。滑りにくい粉粒体は山にした時崩れにくいので大きな安息角を持ち、滑りやすい粉粒体は小さな安息角を持つ。同じ粉粒体でも粒子の表面の様子で安息角は変わるし（たとえば、粉粒体を洗浄すると変わってしまう。一般的に安息角が増えるとか減るとかは言えないけれど）、粉粒体の粒子の直径にバラつきがあるかないかでも変わってしまう。ただし、同じ粉粒体を使い、同じ作り方をすれば安息角はいつもだいたい同じ角度になる。棒を使った雪崩のモデル実験でも、一回一回の観測はバラついても、何回もやって平均をとればちゃんと決まった安息角が定義できるはずだ。

ただ、この安息角は物質の結晶形のようにいつでも一定というものではなく、作り方によって変わってしまう。だいたい、山を崩して平らにならしたほうが安定なのは決まっているから、安息角より小さく、ゼロではない有限の角度をとることができ、これはどのような作り方をするのかに強くよっている。だから、安息角というのは粉粒体固体の作る形ではあるけれど、作り方、たとえば、どのような容器に盛るかというようなことの影響を受ける。水だったら本当に容器の形そのものになるけれど、そこまでは容器の形の影響は受けないものの多少影響を受ける、そのような固体である。

エジプトのピラミッドは基本的にものを積み上げてできたものだから、何も考えずにものを積み上げると、ちょうど安息角の角度より急な斜面を作ることはできない。だが、人間の目とは不思議なもので、安息角で積み上げてもピラミッドはちっとも高くそびえ立って見えないらしい。エジプトのファラオは自分の偉大さを万人に広く知らしめるためにピラミッドを作ったのだから、これでは困る。というわけで、ピラミッドの斜面の角度は砂漠の砂の持っている安息角より大きな角度を持つように作られているということだ。だが、これは、粉粒体の「固体」が自然に持っている「形」とはかけはなれた不自然な形である。不自然な形を無理矢理作れば、壊れる。固体が壊れたら何になるか？　液体とか気体になるしかないだろう。つまり、「融ける」わけだ。安息角より大きな傾きという不自然な形をとった固体が「融けて」液体になる、これこそが雪崩や土砂崩れや火砕流というものなのである。

粉粒体が「融ける」時

雪崩が生じる瞬間とか、火砕流が生じる瞬間とか、土石流が生じる瞬間を見たことがある人はあまりいないと思う。何しろ、それを見た人はその後、見たものに埋まって死んでしまうことが多いだろうから。僕も、肉眼では見たことがないが、友だちの地質学者が雲仙の火砕流が生じる瞬間をビデオで撮ったもの（もちろん、望遠レンズで遠方から撮ったもの）を見せてもらったことがある。まず、噴火口の上にできた「溶岩ドーム」が崩壊する。すると、その衝撃によって噴火で斜面に降り積もった火山灰や岩石が崩れる。そして、連鎖反応的に下方の土砂を巻き込んで大きな流れとなって山麓を下っていく。本当の火砕流は噴火の高熱ガスを伴ったもののことを言うのであろうから、これはちょっと普通の火砕流とは違うのかも知れないが、いずれにせよ、一瞬前まではしっかりした地面だったものがあっという間に水のように流れ出す。

また、火砕流とはちょっと違うが、土石流という、雨が大量に降った時に起こる「土の雪崩」がある。僕は住宅がこれで屋根の高さの半分くらい埋まってしまったのをテレビで見たことがある。窓があけっぱなしだったのかあるいは土石流の衝撃で扉が打ち破られたのか判然としないが、家の中まですっかり土砂が入り込んでいる。にもかかわらず、その家の中に流れ込んだはずの土砂は人間が歩けるほど硬くなっているのである。これには全く驚いてしまったが、これこそまさに、一瞬にして流体から固体へ、固体から流体へと移り変わる粉粒体のなせる業ではなかろうか。水のように流れていた土石流は町を埋め尽くし、勢いを失って停止してすぐまた固体に戻ってしまったのである。

普通の流体ならこのようなことは起きない。コップに水を入れておいたからといってすぐ氷になったりはしない。普通の流体では、前に述べたように流体を作っている分子や原子の速度が引力に打ち勝つほど大きく、温度を変えない限りはこの速度は変わらないので、コップの中に水を入れておいてもすぐ氷になったりはしない。粉粒体の場合は止まってしまうとすぐに重力で押しつけられて滑ることができなくなり、固まってしまう。だから、粉粒体の流体はすぐに固体に戻ってしまうのである。

粉粒体固体が「融ける」時はどうか。土石流にしろ雪崩にしろ、降り積もった粉粒体はもともと斜面にあるわけだから不安定な状態である。もっと、平らなところに一様に広がったほうが安定に決まっている。しかし、重力で押しつけられて密に詰まっているので滑ることができず、仕方なく固体でいるわけだ。これがちょっとした衝撃で一部が流れ出すと連鎖反応的に流体になって流れ出す。斜面を勢いよく下っている間は勢いが衰えないので流体でありつづけることができる。平地にたどり着き流れることができなくなった途端に、粉粒体は固体に戻ってしまう。だから、「静止している粉粒体の流体」というのは存在できないのである。

過加熱固体（？）としての粉粒体

過冷却水というものがある。水というのは本当は零度以下では凍らなくてはいけないのだが、急に温度を下げたりした場合は凍ることができなくて水のままでいることがある。これが過冷却水。過冷却水はちょっとした衝撃を与えたりすると急速に凍る。

この譬えで言うと、斜面に降り積もった雪や火山灰は過加熱固体とでも言うべきものに相当する。本当は流体となって流れるだけのエネルギーを秘めているのだが、動けなくて固体でいる。ちょっとした衝撃が与えられれば一瞬にして融けて流体となって流れ出す。

雪崩や土石流は例外的なことと思うかも知れないが、実際には我々は過加熱固体に囲まれて生きているのではないか。我々が住んでいるビルはみんな過加熱固体のような気がする。建物というのは基本的にものを積み上げることでできている。煉瓦やブロックで造った家など典型的だ。煉瓦の壁が壊れないのは煉瓦自身の重みで煉瓦同士がしっかりくっついているからで、これがなかったら煉瓦の壁というのはガタガタではないだろうか。これを確認するには宇宙空間に煉瓦塀を持っていって叩いてみればいい。すぐ壊れてしまうようならこれは本質的には粉粒体固体である。ということは、これは過加熱固体だ。

かつて僕のオフィスがあった東京工業大学（現・東京科学大学）の建物は、大正時代に関東大震災の直後に建てられた鉄筋コンクリートの建物なのでものすごく丈夫である。嘘か本当か知らないが「横にしても壊れない」と言われている。でも、こんな建物は少ないのではないか。大抵の建物は横にしたり上下を逆にしたりしたら、壊れてしまうのではないだろうか。もしそうなら、これは皆粉粒体と思って良いのではないかと思う。

第二章　吹き飛ばされる

縞模様の起源

縞模様、というのは人間が描く模様の中でも特に典型的なものではなかろうか。縄文時代の土器などを見ても基調は縞模様である。また、特に人目をひく目立つ模様でもある。喜劇王チャップリンの作る映画に出てくる囚人の服など決まって縞模様である。モノクロの映画でも縞模様は特に目につくからであろう。

縞模様を愛好するのはしかし、人間のみにはとどまらない。体に縞模様をまとっている生物は数多い。様々な貝殻の縞模様、シマウマの縞模様、アライグマの尻尾、そして、多種多様の熱帯魚。彼らがどうして縞模様をまとうのかは、僕には全然わからない。きっとそのうち、動物学者が解明してくれるだろう。だが、縞模様をまとう「理由」がわかったとしても、まだ一つ疑問が残る。どうやってきれいな縞模様を作るのだろうか？

人間がきれいな縞模様を描こうと思ったら、定規が必要だ。色を塗るところと塗らないところの間隔を正確に測り、定規で直線を引く必要がある。シマウマが体に縞模様を描く時、こんなことをしているわけはない。では、遺伝子の中に最初から「縞の間隔」が書き込まれているのだろうか？　そうすると、体の大きさに合わせて縞の間隔をどうやって変えているのか（子どものころは体に合わせた細い縞で、大人なら太い縞、とかになっているのではなかろうか？）。また、イノシシのように、子どものころは縞があり、成長するとなくなる場合はどうするか。その時期もやり方も、すべて遺伝子に指示されているのだろうか？

風紋

砂の上にできる風紋もまた、縞模様である。風紋とはどのようなものであろうか。風紋を見るには、なんといってもサハラ砂漠のような大砂漠に行くに限る。そこでは地球規模の大気循環のせいで強風がいつも同じ方向に吹いている。そこへ行けば、何もない平らな砂の表面に風が吹き付けると風紋が浮かび上がってくるのを見ることができる。いたるところ風紋だらけだったら、板を持ってきて平らな砂の面を作ろう。数十分も待てばおぼろげながらも風紋が浮かび上がってくるのが見られるだろう。だが、風紋を見るだけのためにサハラ砂漠に行くわけにはいかないし、また、実際、砂漠に行ったことのある人は少ないと思う。

そういう時は砂浜に行こう。乾いた砂さえたくさんあれば、そして強い風さえ吹いていれば、風紋はどこでも見ることができる。身近な海辺の広い砂浜の広がっている海岸に、風の強い日に行ってみよう。風が風紋を作る様を見ることができる。そこで、良く見れば風紋の縞模様の間隔がどこでもほとんど同じであることに気づくかも知れない。風が吹いただけで、どうしてこのように規則正しい縞模様を作ることができるのだろうか。砂が、あるいは砂を吹き飛ばす風が、縞模様の間隔を知っているとはとても思えない。にもかかわらず、風紋はきれいな縞模様を描く。どうしてだろうか？　風紋は動物の遺伝子のように間隔を決める設計図を記す場所を持ちようがない。それでも、等間隔の縞模様が描かれる。

図２－１　風紋の写真。靴は撮影者のもの（茨城大学理学部西森拓氏提供）。

図２－１は海岸にできる風紋である。風紋の縞の間隔はセンチメートル程度、形成に要する時間は数時間程度である。その形は海の波に良く譬えられることからもわかるように、高い盛り上がりとくぼみが交互に並んでいる縞状の構造である。風紋の見た目こそ水面にできるさざ波に良く似ているけれど、「砂の波」である風紋は水面波とは全然異なるものである。風紋の形成に寄与するのは表面のそばの砂粒のみであり、砂のずっと内部の砂粒は、砂の表面で風紋ができつつあるかどうかということには全く影響されない。一方、水面波では、水面波の形成

に伴う流体の運動が水中深くまで伝わる。さらに、水面波が存在するためには風が吹きつづけなくてはならないが、風紋においては、一度できてさえしまえば、風が停止しても安定的に存在する。すなわち、水面のさざ波は流体の運動の一形態であるのに対し、風紋は風によって引き起こされた砂の変形、いわばシワのようなものである。したがって、水面波をいくら研究しても、風紋の形成の機構が、明らかになることは決してない。

風紋は砂表面においてのみ観測されるものではなく、降雪の表面にも観測することが可能である。風紋の本質はしたがって、粉粒体表面が風という流体の流れに晒されてできるという点にある。このような単純な条件を満たせば出現する風紋であるが、幾つかの自明ではない特徴を持っている。

(一) 風紋は風速がある値を超えないと出現しない。
(二) 風紋の縞模様の間隔は風速に比例する。

これらの現象を統一的に説明することが可能であれば、動物における縞模様の発生機構(縞模様の間隔が成長に伴って変化するのはなぜか、縞模様が現れたり消えたりするのはなぜか)に何らかの知見をうることができると期待される。たとえば、遺伝子に縞模様全体の設計図は書いてある必要はなくて、「風の強さ」に相当する値が一個書いてあれば、シマウマだって、きれいな縞模様を描けるのではなかろうか？　とか、考えられる。

砂の運動

一個の砂粒が風に吹かれた時に生じる力は、風によるひきずり力と揚力である。ひきずり力は車で高速道路などを高速で走行した時に感じられるのと同じ力である。窓を開け手を出せば手が後方に強く押される（あるいは引かれる）のを感じることができる。砂粒に風が吹き付ける場合は、動いているのは砂粒のほうではなく空気のほうであるが、いずれにしろ、砂粒は風の方向に対して強い引っ張り力をうける。これがひきずり力である。

揚力は飛行機を空に浮かばせている力である。たとえジェット戦闘機であっても、そのエンジンの力は飛行機そのものを空中に浮かせておくだけの力はない。これを補うのが揚力である。流れる流体の中に対称性の悪い物体が置かれると、物体の両側を通り過ぎる流体から物体の両側にかかる力が異なるので、物体はどちらかに押されることになる。飛行機の翼の断面が上下非対称になっているのはこのためで、たとえば、翼の断面を円にして円柱状の翼を用いたりすると揚力が生じず、飛行機は飛び立つことができない。砂表面の砂に風が吹き付ける場合は、風は砂粒の上方にのみ存在し、砂に接している砂粒の下側にはないので、非対称性が生まれ、揚力が生じて、砂粒は浮き上がる。このひきずり力と揚力により砂表面の砂粒は動き出す。

この結果生じる砂粒の運動は以下の三種類であることが、バグノルドによって半世紀以上前に指摘されている。

(一) 飛翔　中国大陸から偏西風に乗って黄砂が運ばれてくるように砂が風に乗って長距離を飛ぶ運動。これは、風紋の大きさ（数センチ）に比べて大き過ぎるので以下では考慮しない。

(二) 転がり　作用する重力が揚力によって弱められ、宇宙空間での（無重量の）時と同じように粉粒体は「融ける」。そして、ひきずり力で風に引かれて転がる。

(三) 跳躍　揚力がさらに強くなり砂粒が浮き上がり、また、風にひきずり上げられて砂粒が砂表面から飛び出す。飛び出した砂粒はいずれ再び風下方向のどこかの砂表面に落下するが、空中にいる間に風によるひきずり力で加速され、高速で砂表面に激突する。この衝撃力により、風の力だけでは跳躍できない大きな砂粒（実験によれば風力跳躍できる最大の大きさのさらに六倍程度の直径があるもの、重量にして二〇〇倍程度のもの）を跳躍させることができる。

これが風に吹かれた時の砂の運動の主なものである。これだけできれいな縞模様の出現機構を解明できるのだろうか？

風紋を作る

西森・大内は前述の運動のうち、(二) 転がり、と (三) 跳躍、の二つを簡単なモデルで数値計算することにより風紋の出現機構を明らかにした。このモデルは大変簡単で、パソコンなどでも実行できるので少し詳しく説明することにする。意欲ある読者は挑戦されたい。

砂粒の一つ一つの運動と衝突を計算するのはかなり大変である。さらに、風との相互作用を考慮することが必須であるが (風によって、砂は動くのだから)、砂表面近傍の風の速度場は乱流状態にあり、風の流れ方そのものの計算が既に難しい。そこで、現象の本質を突くような簡単なモデルを導入することにする。

まず、砂粒の一つ一つがどのように積み重なっているかは無視し、砂表面の高さだけを問題にすることにする。ただ、砂表面の高さといっても、砂粒の大きさの程度まで細かく見るとでこぼこし過ぎていて高さが定義しにくい。そこで、砂の表面を思い切って碁盤目状の桝目に切りわけて、各桝目の中にある砂の量を測り、その量をもって「高さ」と呼ぶことにしよう (「高い」ところには砂がたくさんあるはずだ)。

この桝目の大きさをどうとるべきかは決まっていないが、砂粒の直径に対し一〇倍くらいが適当だろう。あまり小さい桝目では、砂粒の大きさが影響して高さがうまく測れないという問題を解決できないし、桝目があまりにも大きいと風紋の凹凸までならされてしまう。直径〇・一ミリ程度の砂なら数ミリの桝目がいいだろう。そして、この碁盤の縦と横に番号をふることにする。(二、三)と言ったら、左の角から横に二マス、縦に三マス行った桝目を示すことにしよう。「高さ」をhで表すことにすると、h(i、j)で左からi番目、下からj番目の桝目での砂の「高さ」を表現することにする。

次に、(二)転がり、や、(三)跳躍、で各桝目の中の砂の「高さ」がどのように変わるかを考えよう。風によって浮き上がり、周囲の砂粒との接触が失われ、「融けた」砂が流れる現象が「転がり」である。だから、桝目の中の砂からある量を取り去って周囲の桝目に振り分ければ、「転がり」を表現したことになるだろう。各桝目から転がり出る砂粒の数はその桝目の中にある砂の量に比例するだろう。この比例係数をDとし、転がり出る量をD・hとしよう。

この転がり出た砂をまわりの桝目に等方的に分配する。一つの桝目の周囲にある桝目は八つである。このうち、桝目同士が角でしか接していない場合は辺で接している場合よりも流れにくいだろうという点を考慮して、角でしか接していない桝目には辺で接している桝目より少ない量の砂を分配する。その比は一意的には決まらないが、ここでは一:二としよう。すると、桝目(i、j)での高さの変化は

$$h(i,j) \rightarrow (1-D)\,h(i,j)$$　（転がり出て減る）

$$+D\Big[\frac{1}{6}\big(h(i+1,j)+h(i-1,j)+h(i,j+1)+h(i,j-1)\big)$$　（辺で接した桝目からの流入）

$$+\frac{1}{12}\big(h(i+1,j+1)+h(i+1,j-1)+h(i-1,j+1)+h(i-1,j-1)\big)\Big]$$　（角で接した桝目からの流入）

となる。また、もし、iかjが碁盤の端に来てしまったら、$i+1$などが計算できなくなるので、その時は反対側の端に戻ってそこの値を使うことにしよう。たとえば、碁盤が縦一〇〇マス、横一〇〇マスならば、一〇一番目のマスとは一番目のマスを意味することにする。

次に跳躍を考えよう。跳躍はある桝目（i、j）から別の桝目（k、l）へ砂をある量だけ移動することを意味する。この量は砂の量によらずある値Qであるとしよう（たとえば〇・一とか）。砂の飛ぶ距離をLとする。砂は風下方向にしか飛ばないので、風が碁盤上を横方向に左から右に吹いているとすると、（k、l）は（i、j）から右（風下方向）にLだけずれたマスなので$k=i+L$、$j=l$となる。各々のマスの砂の高さの変化は

$$h(i,j) \rightarrow h(i,j)-Q$$

かつ、

$$h(i+L,j) \rightarrow h(i+L,j)+Q$$

である。実際の計算では碁盤を二枚用意しておき、一枚目の碁盤上の各桝目の間の砂の「転がり」の結果できあがる砂表面に相当するhの値を、二枚目の碁盤上に作る。次にこの二枚目の碁盤上のhの値（砂の高さ）を一枚目の碁盤上に写しとり、それを使って二枚目の碁盤上に「跳躍」の結果できる砂の高さを作る。これをひたすら繰り返す。

跳躍距離Lは一定でも良いのだが、飛び出した場所が高ければ高いほど遠くまで跳べるはずなのでこの点を加味して

$$L=L_0+bh$$

とすることにする。bは小さい正の数である（たとえば○・一とか）。風が吹きはじめる前、つまり風紋ができはじめる前には、砂の表面はちょっとだけでこぼこしていてほとんど平らのはずなので、これを表現するため、最初は各桝目上の砂の高さhをちょっとだけ揺るがせておく。あとはひたすら計算を続けるだけである。その結果できあがったのが**図2－2**

である。現実の風紋と酷似している。

形が似ているだけではない。D、つまり転がりやすさを固定して、砂粒の飛距離L_0、つまり、風の強さを変えるとどうなるかを計算してみた。すると、風の強さが足りない時は風紋ができず、ある程度強くて初めて風紋ができることがわかった。これは前述の観測事実（二）と一致する。そして、縞の間隔は観測事実（三）と同じく飛距離に比例して広くなった。ここで面白いのは、飛距離が有限であっても風紋ができないことである。風紋ができるための風力の下限値は砂粒が跳び上がれるかどうかで決まるわけではない。跳び上がれても、その飛距離が十分でなければ転がりによっ

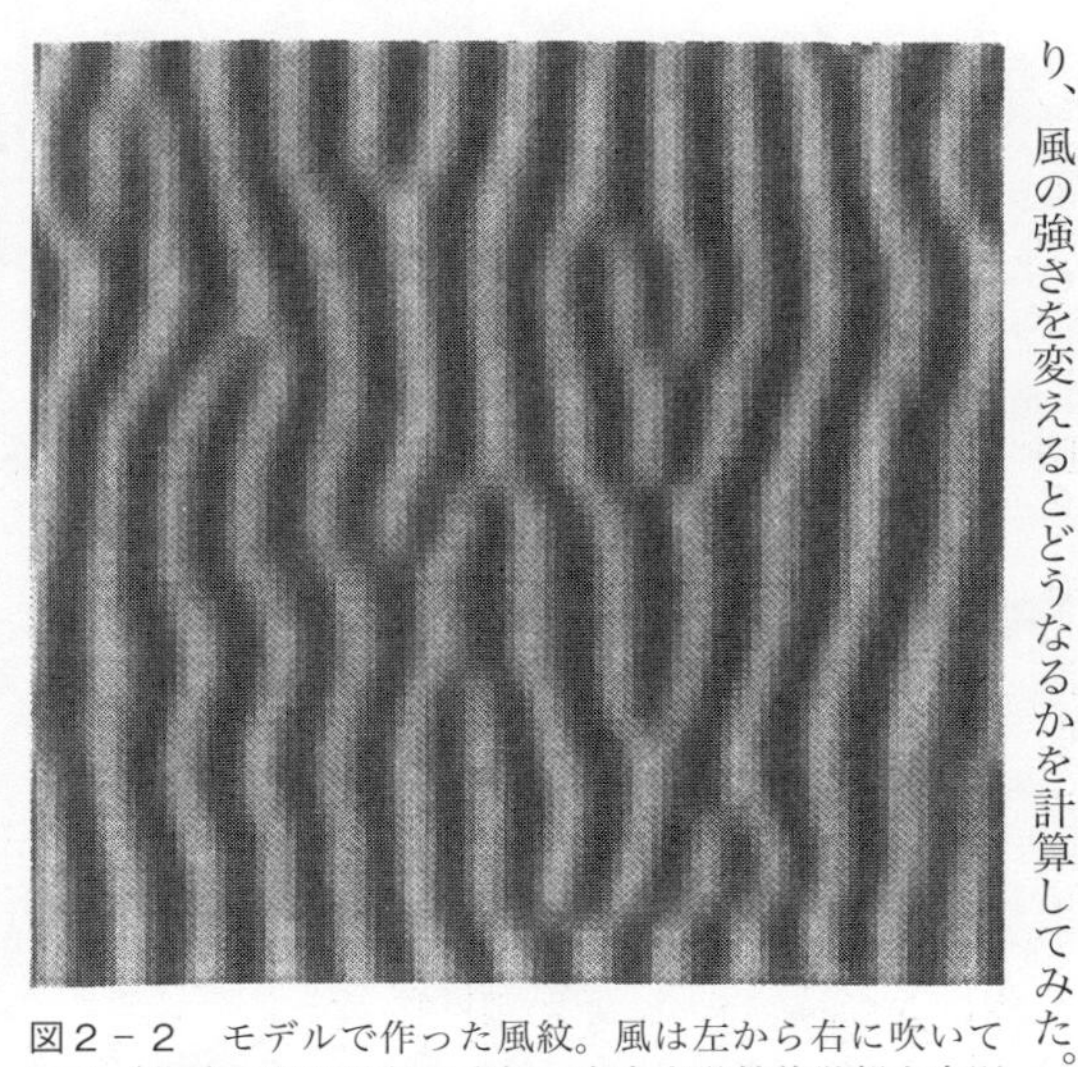

図２－２　モデルで作った風紋。風は左から右に吹いている（茨城大学理学部西森拓、東京大学教養学部大内則幸両氏提供）。

て縞模様はならされて消えてしまうのである。

砂浜で風紋ができるのを見ている様を想像しよう。もし、最初は風がなく、次に風が吹きはじめ、また徐々に風が強くなっていくとすると、次のようなことが起きるだろう。最初は何も起こらない。だが、風の強さがある程度強くなると突然、縞の間隔がある値を持った風紋が出現するのである。そして、風が強くなるとともに縞の間隔は広くなっていく。

これは第一章で登場した「自発的な対称性の破れ」（ホッパーは対称なのに中の流れは右とか左に偏在する）の一種である。飛距離が有限であっても縞ができる理由はどこにもない。砂の表面はすべて同等であり、その上で砂を全く均等にやりとりしているのに縞模様というものができるのである。

縞模様の起源、再び

このような簡単なモデルで風紋が再現できるのはなんとも興味深い。考慮したのは、砂が跳ぶ、ということと、転がる、ということだけである。砂粒の運動だというのはどこにも入っていない。そうなるとこのモデルの縞模様の出現機構は風紋に限らずもっと一般的に成り立つかも知れない。図２－３は液晶対流系にできる縞模様である。風紋の形にあまりにも良く似ているのではなかろうか。液晶は腕時計の文字表示や液晶テレビの画面に使われている素材で、これに電場をかけるとある条件で対流する。図の色の濃淡は上向きの対流と下向き

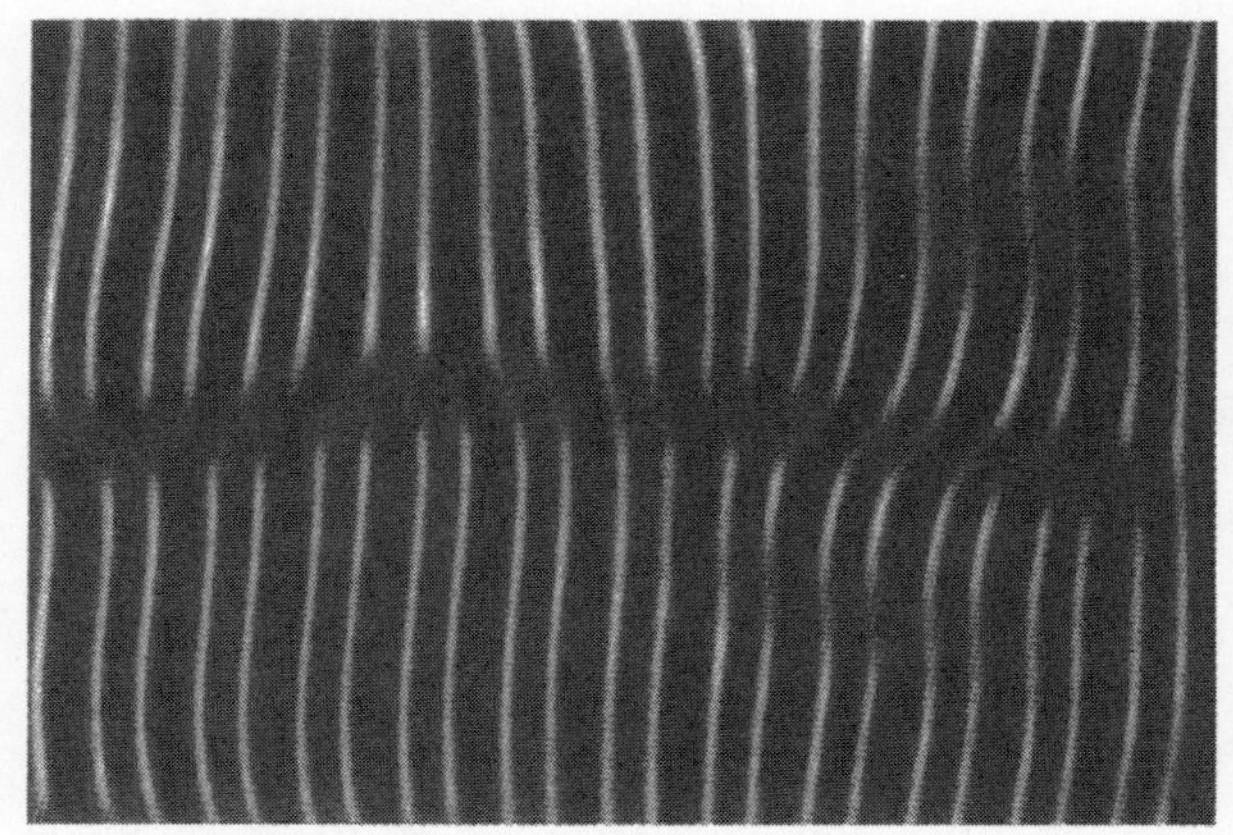

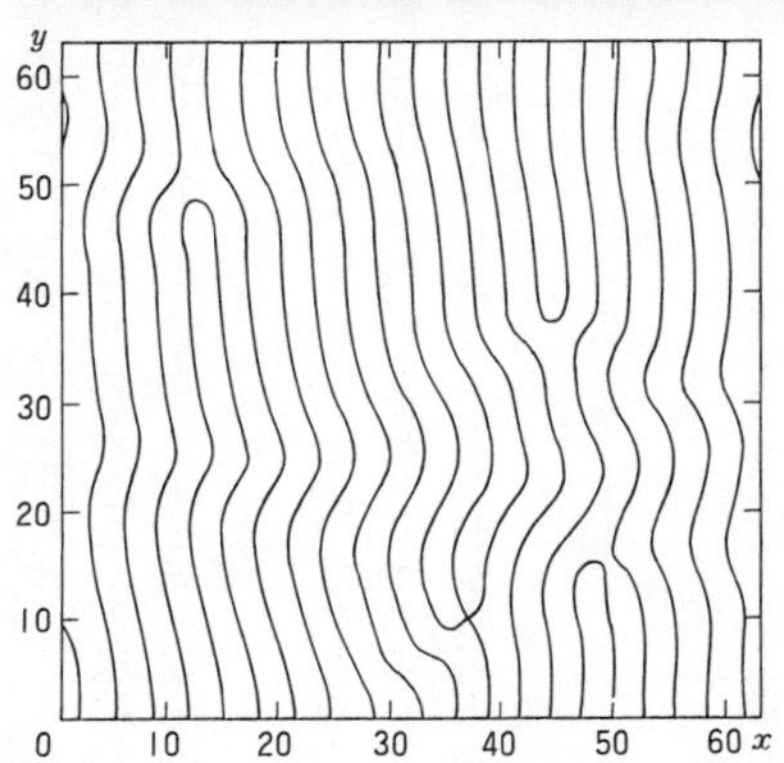

図２－３　液晶対流系の縞模様。上：実験（東北大学電気通信研究所佐野雅己氏提供)、下：理論（東京大学教養学部佐々真一氏提供)。

の対流である。このように風紋とは全く関係のない現象なのに形がそっくりになる。そして、この液晶対流系の縞模様はモデルを用いて再現することができるが、風紋のモデル構成の時と全く同じように、扱っている系が液晶である、ということはモデルを作る時には明示的には用いられない。

今のところ、風紋のモデルと液晶対流のモデルが同じものだということは証明されていないが、今までの研究の結果を見ると縞模様の発生の一般論が作れそうである。そうなればきっと、シマウマの縞模様と風紋の縞模様は同じものだということがわかる日もいつかやってくると僕は信じている。

風が作り上げる丘、砂丘

砂漠というのは砂ばかりで、何もなくて平らである、というイメージは大間違いのようである。砂漠は起伏に富んだ山あり谷ありの複雑な地形である。差し渡し数百メートルで高さ数十メートルの山がごろごろしている。我々が普段暮らしているこの国の大地と同じように。だが、我々が普段目にしている地形の起伏は、火山による造山活動や川を流れる水の浸蝕効果が作り出したものである。砂漠に火山なんかないし、まして、水が流れているわけでもない。それでは、砂漠の起伏はどうしてできたのだろうか。これらの山、というか丘は、砂漠ができた時からあって、風に崩されながら段々低くなりつつあるのだろうか？　砂漠はいずれは平らになってしまうのだろうか？　それとも、もしかして、何もない平らな砂漠に風が吹いているだけで、幅数百メートル、高さ数十メートルの山ができてしまうということがありうるのだろうか？

これらの大規模な砂漠地形は、バグノルドらの観察と研究によると、本当に風と砂との相互作用（前述の転がりと跳躍）だけで作られるらしい。風が作る砂丘地形はじつにバラエティに富んでいるが、なかでも一番良く見られるのはバルハンと呼ばれる砂丘であり、これは砂丘地形の基本である。砂漠に見られる多くの砂丘地形がこのバルハンを基本としてできあがっていると考えられている。

バルハン砂丘は上から見ると三日月形をした砂丘で、三日月形の角のほうを風下に向けており、大きさは高さ五―一〇メートル、幅数百メートルに及ぶ。また、このバルハンが離合集散を繰り返すことにより、様々な形の砂丘ができてくると信じられている。たとえば、バルハンが横にならんで合体すれば風に直交した方向に伸びた横長の砂丘ができるし、バルハンが風の方向に引き延ばされると風の方向に縦に長く伸びた縦砂丘ができてくる。時には上から見ると星形のように見える、星形砂丘ができることもあるし、人工衛星から見ると山脈の連なりのようにしか見えない巨大地形にまで砂丘が成長することさえある。これらの地形はやはりサハラ砂漠まで出かけていって観察するのがベストだが、国内でも有名な鳥取砂丘などに出かければバルハン砂丘くらいなら観測することができる。それにしても、砂が風で吹き飛ばされただけで、本当にこのような複雑な地形ができうるものなのであろうか？

西森・大内はこの疑問にも簡単なモデルを使って答えている。碁盤を用意して各桝目に砂の量を表す「高さ」を定義するところまでは同じである。ただし、今度は幅数百メートルの砂丘ができるかどうかを見るのであるから、桝目の大きさも何ミリというようなものではいけなくて、何メートルという範囲を一マスにしたと思わなくてはいけない。そうすると変わってくることは何だろうか。転がりの効果はいずれにせよ同じで、周りの桝目に砂が流れていく、というのは変わらない。砂が跳躍で移動するのも同じだろう。だから、基本的には前に使った式は同じでいい。

違うところは、まず、飛距離Lが高さhのどのような関数かということである。砂の飛距離は数センチからたかだか数メートルの程度である。今、大きさ数メートルの桝目を考えようというのであるから、跳躍中に何マスも飛び越えるということはほとんどあり得ない。そうすると、跳躍の出発点の高さが高いか低いかということより、出発点が砂丘の風上にあるか風下にあるかのほうが大切である。つまり、出発点が砂丘の風上にあれば風が吹いているので風に乗って遠くまで飛ぶことができる。逆に出発点が砂丘の風下にあれば風が遮られるので遠くまで飛ぶことができない。そこで、跳躍が「上り」であれば飛距離Lは長く、「下り」であれば飛距離Lは短くなるようにする。

また、飛散量Qも風紋のモデル化の時のように定数ではまずい。風紋のモデル化の時は桝目の大きさが数ミリ四方であることを想定していたので、一度に跳ぶ砂粒の数は数個であったろうから、一度に跳躍する砂の量はほとんど一定であったかも知れない。しかし、今度は数メートル四方であるから、多数の砂粒が跳ぶことが想定される。その数が多いことも少ないこともあるだろう。この点を加味して飛散量Qもやはり、「上り」では多く、「下り」では数が少なくなるようにする。

このように風紋のモデルを変更することで、縞模様以外の様々な「地形」が出現するようになった（図2－4参照）。バルハンを上方から見た時に観測される三日月形が良く再現されている。モデルの妥当性の確認はまだ確実ではないが、このような単純なモデルで、風紋のみならず大規模地形の再現もできるというのは大変興味深い。

さらに、パラメーターを変えることにより三日月形以外の非常に多彩な地形が出現することもわかった。したがって、砂漠が平らではなくでこぼこしているという理由は風と砂との相互作用にあると思って良いだろう。普通に考えたら、風は凹凸をならすほうには作用しても凹凸を作り出すほうには作用しない。しかし、砂漠においてはそうではない。砂漠を平らにしようと風をおくると逆に凹凸になるのである。「北風と太陽」の童話のように。

それにしても、砂丘は差し渡し数十メートル、高さ数メートルになることはまれでない。そうすると、数十メートル＝数万ミリ、数メートル＝数千ミリ、であり、砂粒の大きさを大きめに見積もって一ミリとしても砂丘の中には数万×数万×数千＝数千億個くらいの砂粒が

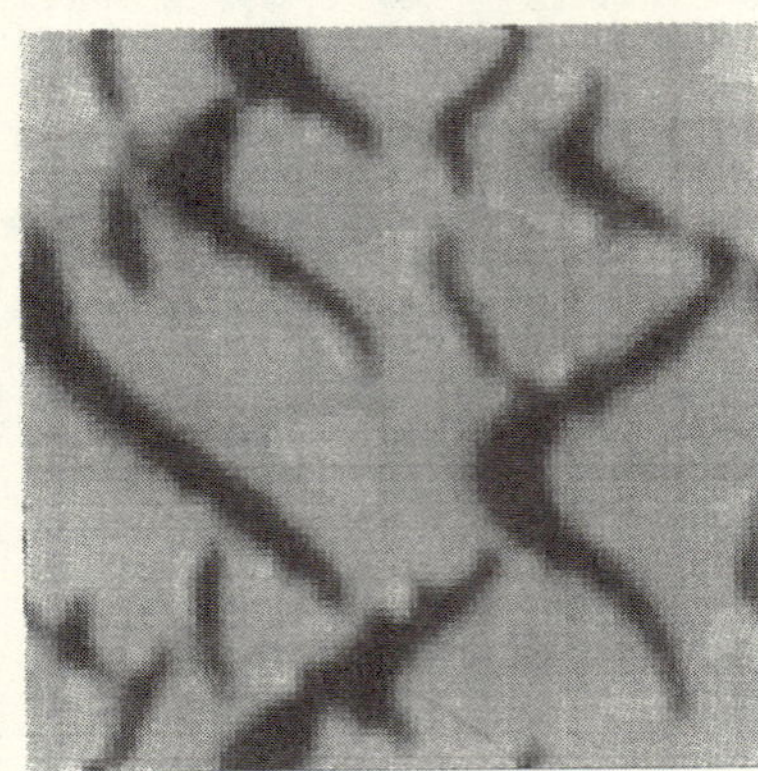

図2－4　バルハン砂丘の写真（K. Pye & H. Tsoar: *Aeolian Sand and Sand Dunes*, Unwin Hyman, 1990から）とモデルによる再現（茨城大学理学部西森拓、東京大学教養学部大内則幸両氏提供）。

含まれているわけで気が遠くなる。これだけの数の砂粒を風が積み上げて初めて砂丘ができる。実際、砂丘の形成には数年の時間がかかるらしい。それだけ長い間、同じ方向に風が吹きつづけなくてはいけないのだから、砂漠のような極端な気候でなければ砂丘は生じないだろう。

また、バルハン砂丘というのは一ヵ所にじっとしているわけではなく、風下方向にゆっくりと移動する。その間、形を崩すことなく、時には何キロも移動する。その結果、砂丘につぶされて家屋が一つ消えてしまう、ということも起こりうる。バルハンが移動する時、形を変えずに移動するといっても、バルハンを構成する砂が入れ替わらないというわけではない。バルハンの中の砂の一部は風に飛ばされて減っていくが、よそから飛んできてバルハンに加わる分もある。なくなったところになくなった分だけよそから飛んでくるわけではないので、その釣合で全体としてバルハンが形を崩さずに移動するように見えるのである。

この「中身は入れ替わるが全体として動いて見える」というのは、パイプの中を流れ落ちる粉粒体流の中にできる固まりの運動（第一章）と良く似ているではないか。固まりの時も、上から降ってくる粉粒体の流れと、固まりから崩れ落ちていく粉粒体の流れのバランスで、粉粒体流自身の流れとは違う速度であたかもそれ自体が実体であるかのように固まりが移動するのであった。バルハンの場合も、風の吹いている速度や一粒一粒の砂の移動速度とは全く異なった固有の速度で移動する。

この「中身を入れ替えつつ形を保持する」という現象が存在するということは、実は大変大切なことである。たとえば、「生物がなぜ存在するか?」ということを説明する、重要な鍵になりうる。生物は食物を食べ、空気を呼吸し、代謝して排泄する。その過程を経て、生物を構成している原子や分子はどんどん入れ替わってしまう。どのくらいの頻度で入れ替わるのかについては寡聞にして知らないが。それにもかかわらず、生物は自己のアイデンティティを喪失しない。家で飼っている犬のポチはいくら新陳代謝して体の中身が入れ替わってもポチでなくなることはない。だいたい、人間だって新陳代謝で体の中身は入れ替わっているのに、生まれてから死ぬまでの間同じ人間として扱われるし、本人もそのように感じる。それは車や本のようなものがずっと同じものであるのとはかなり違う。複雑さのレベルはあまりに違うけれど、バルハン砂丘がそれを構成する砂粒が交換されながらも形を変えずに動く、ということは新陳代謝しながら「個」を維持する生物の存在と良く似ている。生物というのはうんと複雑な方程式に登場するバルハン砂丘なのかも知れない。

最後に模様の話に少し触れよう。このような簡単なモデルで三日月模様が作れるのなら、毛皮を三日月で埋めたい動物はこれを利用できる。その場合、移動するのは砂ではなくてたとえば赤い色素、とかだろう。もちろん、色素の移動に風を使うわけにはいかないから、別の機構を用意する必要があるが、砂丘のモデルと同じような機構を作れさえすれば、動物は縞模様、三日月形、その他の多彩な模様を体の上に自由に作ることができるだろう。そのような機構を持っていると思うほうが、すべてが遺伝子の中に書かれていると思うよりはもっともらしいかも知れない。

重いものがなぜ上に来るか？

重いものは沈む、というのが普通である。コップに水を入れて硬貨を投げ込めば必ず沈む。人間だって沈む。逆に軽いものは浮かぶ。人間が空の交通手段として最初に実用化したのは飛行船であるが、飛行船とは大気よりも軽い気体を詰め込んだ袋が浮き上がるのに乗じて空を飛ぼうという機械である。重力が働いている惑星の上に暮らしている以上、「重いものは沈む」という厳然たる事実に例外はない、はずだったのだが、粉粒体はこの規則を見事に破ってくれる。

これまで、砂漠の砂の運動を考えてきたが、今までは砂粒の大きさを無視してきた。しかし、砂漠の砂は決して同じ大きさの砂粒の集まりではない。大きな砂粒もあれば、小さな砂粒もある。そして、大きな砂粒と小さい砂粒は挙動が異なるかも知れない。その結果、起きてくることは非常に奇妙なことである。

風紋は拡大してみれば細長く伸びた山脈のような形をしている。さらに拡大してみると、「山頂」と「山麓」では砂粒の大きさの分布に偏りがあることが知られている。もし、大きい砂粒が麓に多く、小さい砂粒が頂に多いのであればちっとも不思議ではないが、たいがい

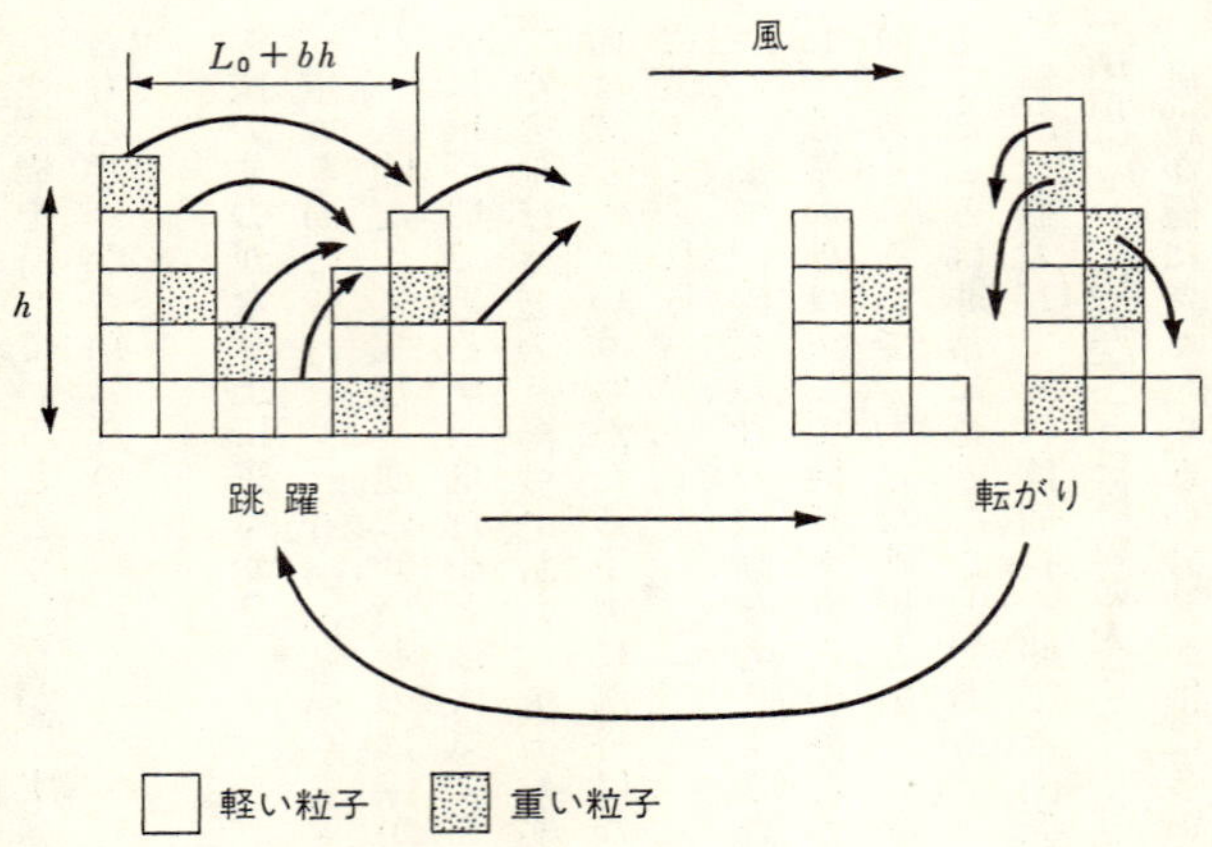

図２－５　モデルの概念図。

の場合、頂に大粒の粒子が集まるのである。どうして、こんな奇妙なことが起こるのだろうか？

三たび、西森・大内の知恵を借りることにしよう。今度は碁盤を使うわけにはいかないので、別のモデル化をする。今までは砂漠を上から眺めていたけれど、今度は横から眺めよう。つまり、風紋の「山脈」の縦断面を横から眺めるのである。そして、砂粒一つ一つに注目する。本当は砂粒は大きさがまちまちだし、きれいに積み上がるわけではないのだが、モデル化を簡単にするため、砂粒は皆、同じ大きさの正方形であるとする。これがブロック塀を積む時のように規則正しく積み上がるとする。さらに、本当は砂粒はいろいろな重さがあるはずだけれど、ここで解明したいのは「重いものがなぜ上に来るか」ということなので、要点を絞るため、砂粒は重いのと軽いの、二種類しかないと思うことにしよう。図２－５がこれらを概念図にしたものである。結局、砂粒はみな同じ大きさだけれど、重さが違う二種類の砂粒があるというふうに単純化したことに相当する。

運動形態はやはり、転がりと跳躍である。跳躍は各列の頂にある粒子だけに許される。頂にある粒子は必ず跳躍する。跳ぶ距離は風紋のモデルと同じように高いところから出発すれば遠くに飛ぶ、という規則に従う。

$$L = L_0 + bh$$

転がりはちょっとやっかいである。今度は頂の粒子は砂粒一つなのだから、半分に分けてまわりに振りまく、というわけにはいかない。サイコロを振って右に転がるか左に転がるかを決めるという手もあるが、どうせなら、もうちょっと、現実的な転がりの規則を導入しよう。砂粒は傾斜が急な時に転がり落ちるとするのである。具体的には隣の列との高さの差がある値以上（二つ以上とか）であれば高いほうから低いほうへ一粒落ちる、とする。これをすべての列に対して行なう。次にもう一度、砂山全体を見直して、まだ、高さの差が大き過ぎるところがあればそこが崩れる、というふうにやっていく。

具体的な手順は次の通り。まず、すべての列の頂上の砂粒を跳躍させる。その結果、傾き

図２－６　モデルで再現された風紋内部の粒子分布。色の濃いのが重い粒子（東京大学教養学部大内則幸氏提供）。

が大き過ぎる隣りあった列ができれば、高いほうから低いほうへ一粒ずつ落とす。すべての列で転がりのチェックを終えたら、もう一度、傾きが大き過ぎる隣接列がないかどうかを調べ、大き過ぎれば、また転がす。傾きが大き過ぎる隣接列がなくなるまで、これを繰り返し、傾きの急なところがなくなったら、各列での一斉跳躍を再び行なう。これをひたすら繰り返す。

さて、これだけではせっかく作った重さの違いがちっとも反映されないので、重い砂粒と軽い砂粒の差を考えよう。差が一番出るのは、転がりやすさであろう。これは重い砂粒のほうが転がりにくいので、重い砂粒のほうが軽い砂粒より転がりはじめるのに大きな傾きを必要とするようにする。一方、跳躍のほうは、重い砂粒のほうが遠くまで飛びにくいかも知れないが、飛距離は重さによって変わらない、と見なそう。

このモデルを使って、風紋内部の砂粒の分布がどうなるかを見る。最初は、風紋もなく、重い粒子と軽い粒子は均等に混じっている状態から出発しよう。そして、今までと同じように計算をしていくと、まず、風紋ができる。つまり、高さの均等なブロック塀だったものが次第にでこぼこし、最後はほぼ同じ間隔で並んだ山なみのようになってくる。さらに、重い粒子がある場所にマークをつけてみると、ものの見事に重い粒子が風紋の高い部分に集中するのが再現された（図２－６）。

これはどういうことだろうか。粉粒体が転がるということは「融ける」ということである。今、重い粒子は融けにくい。軽い粒子は融けやすい。しかも、この場合、風との相互作用で融けているのだから融けるのはごく表面だけである。砂の表面に軽い粒子があればこれはすぐに融けて流れてしまう。重い粒子があれば融けずに残る。したがって、表面はすぐに重い粒子ばかりになってしまう。重い粒子ばかりになれば重い粒子同士で風紋を作りはじめるので、風紋の高いところに重い粒子が集中してしまう。結局、「重いものは沈む」という考え方は、全体が液体の時には使えるけれど「融ける」のが表面だけであれば重い砂粒が沈むということはできない。その結果、軽くても融けやすい粒子は重い粒子の下に「流れて」いってしまう。

重いものが必ずしも下に来るわけではない、という現象はこれからも何度も粉粒体の運動には出現することになる。

一度にどれくらい「融ける」か？

重い砂粒が表面に来やすいという奇妙な現象を考えるためには、「転がり」の規則を少し真面目に考えて、「傾斜が大きいと転がる」というふうに考える必要があった。この規則だと、一度転がりだすと、転がりだした砂粒がその先の斜面も崩すので連鎖反応的に大きな面積が崩れるかも知れない。一体、どのくらい大きな面積が崩れることができるのだろうか？これは、また、「崩れはじめた雪崩はどこまで大きくなれるか？」という質問と見なすこともできるから、第一章の雪崩の話とも関係する。

今までは、風紋の一つの縞の「山脈」の縦断面を考えたが、もうすこし現実に近づくように、碁盤でもう一度考えよう。そして、各桝目の上に立方体の砂粒がブロックを積むように積み上がっていると見なす。そして、「傾斜が急なら転がる」という転がりの規則を拡張して、縦、横、どちら方向にも転がれるようにする。跳躍は考えず、よそから飛んできた砂粒が碁盤の上にランダムに降り注ぐとしよう。また砂粒は碁盤の縁に到達するとこぼれ落ちる。(注)

注　このモデルの元の形は、砂粒ではなく、「傾斜」をランダムに増加させるというモデルであるが（バックのモデル）、砂粒を降らせても、定性的には挙動が変わらないことが確認されている（たとえば、小野昱郎・清水雄一郎）。傾斜では説明が難しく、また、実験との対応も存在しないため砂粒を落とすほうのモデルを採用した。

砂粒は一度に一つずつ降ってきて、砂の転がりが終わるまで、次の砂粒を降らすことはしない。このようにして、砂粒を一つ落としてどのくらい広い面積の砂が崩れるかを調べる。もちろん、どのような面積の砂が崩れるかは砂山の状態によっていて、全然広がらないこともあるし、雪崩のように大きく崩れることもある。

長い間統計をとると、面積の広い崩壊と狭い崩壊では、狭い崩壊のほうが数多く観測されることがわかる。その頻度は面積の比の一・五乗に逆比例する。つまり、面積一〇〇の崩壊は面積一〇の崩壊の頻度の何分の一かというと、一〇〇を一〇で割って一〇、この一・五乗は約三二なので、三二分の一、つまり、だいたい三パーセント以下の頻度でしか起きない。

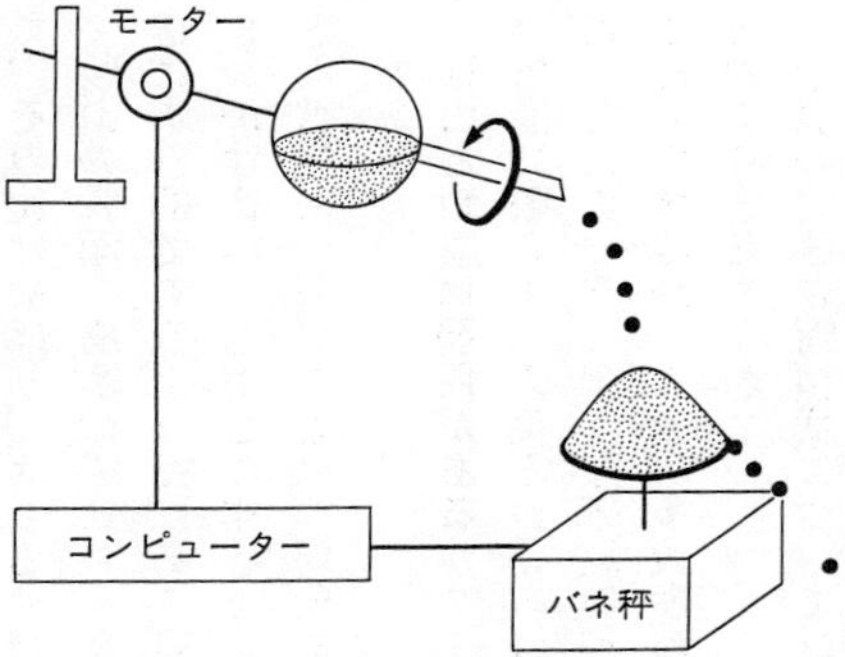

現実の砂山でもこうなっているかを確認するための実験もある。図2－7のようにバネ秤の上に皿を載せて、砂粒を落下させていき、その時に皿から落下する砂の重さを量り、これを滑り落ちた砂の量と見なす。この砂の量もまた、ある時は多量である時は少量、というように変化した。一度に落ちる砂の量はやはり、多量に落ちる時が頻度が低く、少量落ちるほうが頻度が高かった。そし

モーター
コンピューター
バネ秤

図2－7　砂山崩しの実験。

て、その比はやはり、落ちる砂の量の比の累乗であり、比の二乗くらいに逆比例した。

砂山の表面の崩壊は、このように「ある傾き以上にならないと崩れない」ということが非常に本質的であるようだ。ある日突然、雪崩が生じるというのもこれと同じかも知れない。きっかけはいつも小さな崩壊だが、ある時は少ししか崩れることがなく、また、ある時は大きな雪崩につながるという現象を良く表しているかも知れない。

砂山と地震は関係があるか？——天災の法則

雪崩に限らず、天災というのは大きな被害を与えるような大規模なものはときどき生じるだけである。そのような天災の典型例は地震である。体に感じないような小さな地震はたくさん発生するが、人命が多数奪われるような大きな地震は滅多に生じない。その頻度の比はどのくらいだろうか？

地震の大きさ別頻度についてはグーテンベルク・リヒター則という有名な法則が知られている。マグニチュードMの地震の数Nが

$$\log_{10}N\ (M)\ =a-bM$$

となるというものである。aやbは適当な定数で、特にbは一程度の大きさであることが知られている。マグニチュードは地震のエネルギーEの対数に比例し、

$$\log_{10}E=4.8+1.5M$$

で定義される。これを前の式に代入して、対数ではなく指数関数で表現すると、「エネルギーEの大きさの地震の頻度はエネルギーの比の累乗に逆比例する」という関係を表す式

$$N(E)=A'E^{-b/1.5}$$

になる（Aはa、bとは別の定数）。つまり、砂山の崩壊規模の頻度分布と似た式になるのである。

bは（地域によって異なるけれど）だいたい一であるから、頻度はエネルギーの比の三乗に比例する。エネルギーの規模が一〇倍大きくなると出現頻度は一〇〇〇分の一になる。一〇万人もの死者が出た関東大震災はM＝七・九、鉄筋アパートが傾いた新潟地震はM＝七・五、年に二、三回は発生して東京都民をびっくりさせる千葉県北部や茨城県南西部の地震はM＝五である（『総点検 地震列島』力武常次）。したがって、関東大震災と新潟地震のエネルギーの比は

$$10^{(7.9-7.5)1.5}=\text{約}4\text{倍}$$

関東大震災と関東地方の小さな地震とのエネルギーの比は

$$10^{(7.9-5.0)1.5}=22387\text{倍}$$

である。

もし、関東大震災が一〇〇年に一度とすると、おおまかな計算だが、新潟地震クラスの地震は一〇の〇・四乗が約二・五なので、四〇年に一度、関東地方の小地震は一〇の二・九乗が七九四なので関東大震災の七九四倍の頻度で毎年八回、という程度になる。

我々は良く、天災は忘れたころにやってくる、と言うけれども、これはそれをとても良く表している。大きな雪崩とか大きな地震というのはなかなかやってこない。といっても、すごく大きな地震がいつかはきっとやってくる。いつかこういう「天災の法則」のようなものが解明される日が来るかも知れない。

第三章　かき混ぜられる

あなたは台所に立っている。そして、愛する妻／夫／子どものために味噌汁を作っているとしよう。具が全部煮えたので最後に味噌を入れる（味噌汁を作る時は味噌は最後に入れないとおいしくない）。あるいは、学校で化学の反応の実験をしているとしよう。先生がA薬とB薬を混ぜ合わせてCという化学物質を作れと言ったとしよう。その時、あなたならどうするだろうか？

（一）味噌の固まりを鍋に入れてできあがり、あるいは、A薬のはいっているビーカーにB薬を注いで反応が終わるまで待つ。

（二）味噌の固まりを鍋に入れて良く「かき混ぜる」、あるいは、A薬のはいっているビーカーにB薬を注いで良く「かき混ぜる」。

普通は（二）をするのではなかろうか。（一）では味噌が溶けていなくてまずい味噌汁ができるし、化合物Cができるのにすごく長い時間がかかってしまう（本当の正解は、味噌汁の場合「漉しながら溶かす」だし、化学実験の時は、一度に混ぜてしまっては熱が発生して危険なので「少しずつ溶かしながらガラス棒に伝わらせて入れる」であろう)。味噌汁の場合も化学実験の場合も、全体を一様に混ぜる必要がある。そのために我々はかき混ぜる、という行為をする。あたりまえだが、では、一様にするためにはどうしてかき混ぜないといけないのだろうか。

実際、かき混ぜないと全体が一様に混ざるのにものすごく長い時間がかかる。コップに満たした水に赤インクを一滴たらしてみよう。棒で水をかき混ぜれば全体が真っ赤にムラなく染まるのにほんの数秒しかかからない。だが、かき混ぜずに放っておいたら、全体が一様になるのに何時間もかかる。多分、一晩かかってしまうだろう。この、かき混ぜないと長い時間がかかるのは、赤インクの分子が水の分子の間をすり抜けていくのが大変だからである。水は透明だけれど実際には水の分子がぎっしり詰まっていて、すき間がない。その中を赤インクの分子がすり抜けていくのは、人混みでいっぱいの雑踏の中を苦労して進んでいくのにも等しい大変な作業である。この赤インクが水の分子を苦労してすり抜けていく過程は「拡散」と呼ばれているが、全体を混ぜる力はとても弱い。

生物は体の中の細胞に酸素を供給しないと死んでしまう。そのために体中に血管を張りめぐらして体中の細胞に酸素を運んでいるわけだが、もし、血管を使わずに「拡散」だけで、酸素を細胞に運ぼうとしたら、生物はどのくらい大きくなれるか。わずか〇・六ミリだそうだ（『ゾウの時間　ネズミの時間――サイズの生物学』本川達雄）。それほどまでに、拡散は役に立たない。かき混ぜるとこれがずっと早くなる。もちろん、生物は体の中をかき混ぜるわけにいかないから血管を作るしかなかったのだが、水や味噌汁ならかき混ぜれば全体が一様に混ざる時間を著しく短縮できる。かき混ぜると何が変わるのだろうか？　かき混ぜると拡散が早くなるのだろうか？

パイこねの原理

かき混ぜると何が起きるかを良く見てみよう。洗面器とか広口のカップに水をはる。水を棒で良くかき混ぜてから墨を垂らしてみよう。墨は垂らした直後は丸い形をしているが、かき混ぜられて流れている水の動きにのって変形していく。多分、細長く伸びていく。洗面器やコップの断面積は有限だから、どこまでも細長く伸びることはできなくて、そのうち、折り畳まれはじめる。こうして複雑な縞模様ができあがる。この模様を見ると、墨で黒くなっているところが複雑に入り組んでいて、墨のない白いところをサンドイッチするような形になっている。もっと激しくかき混ぜればサンドイッチの縞模様の間隔はどんどん狭くなっていき、最後には肉眼では見えないほど狭くなってしまう。墨のないところが十分狭くなれば、遅い「拡散」でも全体を一様にすることができる。これがかき混ぜるということの意味である。墨が長く引き延ばされ次に折り畳まれる。そして、非常に細かい縞模様ができあがって、「拡散」でも十分、一様にできるくらい細かくなる。そして、全体が一様になる。別にかき混ぜたから「拡散」そのものが早くなるわけではない。

このような引き延ばしと折り畳みの変形は「パイこねの原理」と呼ばれている。これは引き延ばして折り畳む、という作業がパイを作る時のやり方に良く似ているからである。パイを食べると中が細かい層になっているが、これはこの引き延ばし、折り畳む、という作業で一枚のパイ生地が変形した結果である。この変形の素晴らしいところは非常に少ない回数で非常に細かい縞模様を作ることができるところにある。正方形の中に黒丸がある日の丸のような模様を考えよう。これは水に垂らした墨のつもりである。これが一回引き延ばされて折

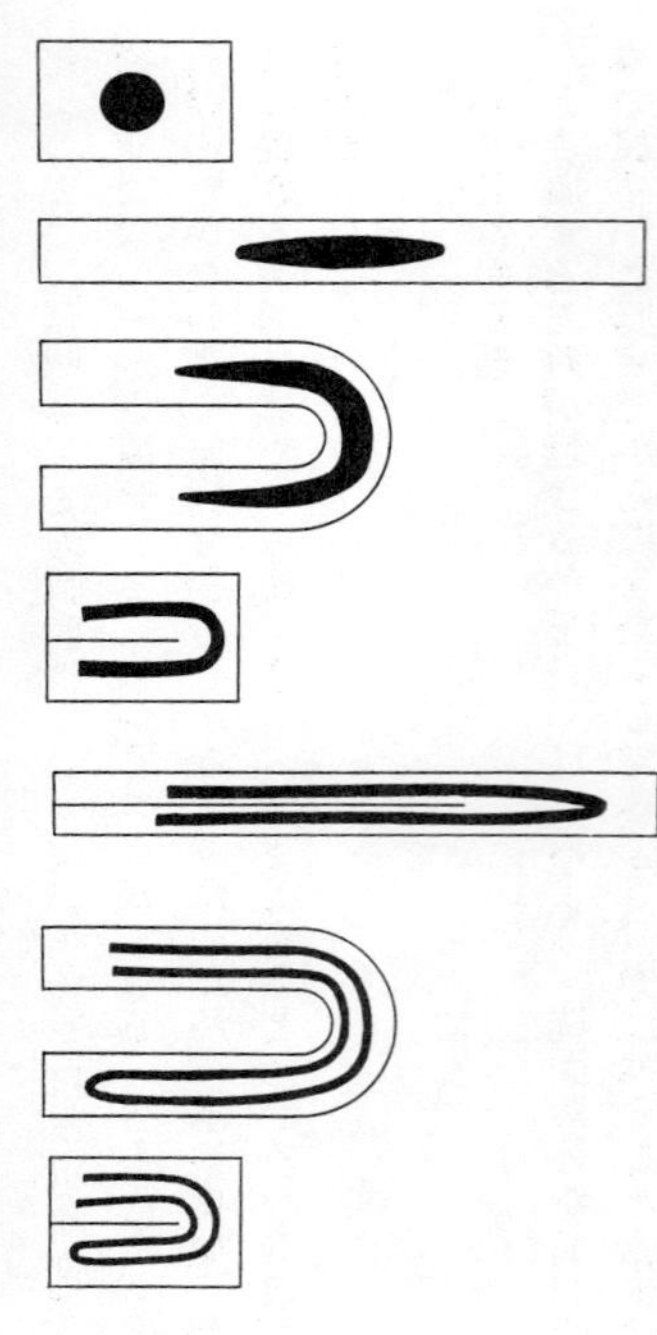

図３－１　かき混ぜられてできた墨の模様とパイこねの原理。

り畳まれると縞模様が二本できる。もう一回、引き延ばして折り畳むと縞模様は四本になる。この調子でずっとやっていけば、N回折り畳んだ時の縞模様は二をN回掛け合わせた数になる。

一メートル四方の水面があったとしてこれに墨を垂らしたとしよう。全体をパイこねの原理で折り畳んで一ミリ間隔の細かい縞模様を作るのには、何回パイこねをすればいいであろうか。できあがる縞模様の間隔が一定とすると、一メートルは一〇〇〇ミリだから縞模様が一〇〇〇本以上できればいい。縞模様を一〇〇〇本以上作るためにしなくてはならない折り畳みの回数はたったの一〇回である（二を一〇回掛け合わせると一〇二四である）。これが「拡散」に比べてかき混ぜがずっと早く全体を一様にすることの秘密である。このおかげでおいしいパイの、紙のように薄い層もできあがる。

墨の縞模様を見ると複雑に折り畳まれながらもけっしてちぎれていない。このちぎれないということは水の本質的な性質で、かき混ぜで全体が一様になるために大変重要である。ちぎれてしまえば引き延ばすことができない。引き延ばせなければ折り畳んでも細かい縞はできない。パイ生地がボロボロですぐちぎれてしまってはあの紙のような薄い構造はできないのである（図3－1）。

粉粒体をかき混ぜる

さて、前置きが長くなってしまった。粉粒体をかき混ぜるとどうなるだろうか。水の時は墨を垂らして水がどう混ざるかを見ることができたが、粉粒体に墨を垂らしても仕方がない。色のついた粉粒体を混ぜるという手もあるが、墨のように表面に浮いていないで中のほうに入っていってしまう。一度、中に入ってしまったら、水と違って中が見えないから（たとえば、砂の内部を見るのは難しい）、どう混ざっているか良くわからない。

実は、この「中が見えない」というのが粉粒体の実験の最大のネックの一つなのだが、そういう時はコンピューターを使った数値計算をするといい。粉粒体の数値計算は単純である。水のような流体の運動を数値計算するのはなかなか難しい。一番単純なのは水の分子一つ一つの運動を数値計算することだがこれはとてつもなく大変である。一ミリリットルの水の中にはだいたい、一兆の一〇〇億倍の数の水の分子が含まれている。スーパーコンピューターができていくら計算が速くなったといってもこんなに膨大な数の分子の挙動を計算することはできない。そこで、人間の目で見たサイズの水の運動を考えるのが普通である。

この世のものは気体も液体も固体も、すべて微細な分子・原子の集合のはずであるが、普段、そのようなことに気づく人はいない。今、僕がこの原稿を書くのに使っている机は木でできている。木は固体だけれども、木だって細かく見れば分子の集まりである。それが硬い固体のように感じられるのは固体に触れると体を構成している細胞の中の分子が木の中の分子とぶつかって反発するからである。それだったら、分子一つ一つを考える必要はなくて反発するという性質を表現する方程式を考えればいい。水の場合も水の分子を考えずに流れる、という性質だけを記述する方程式を導いてそれを計算すればいい。そのような流体方程式は実際、原子の存在が証明されるずっと以前、一八二六年にナヴィエによって導かれていて、原子があろうがなかろうが水の運動は計算できたのである。膨大な数の水の分子を扱うよりこの方程式を解いたほうが計算が楽なのは言うまでもないが、方程式自身を理解するのはちょっと骨が折れる。

その点、粉粒体の数値計算は粒子の運動を直接扱えば良くて簡単である。粉粒体の粒子の典型的なサイズは〇・一ミリだが、一ミリリットルの砂の中に含まれる砂粒の数は一〇〇万個程度である（一ミリリットルは一辺が一センチの立方体の大きさだが、一センチの中に〇・一ミリの砂粒は一〇〇個並ぶ。全体の数はその三乗で一〇〇万個である）。これくらいなら現存の最高速の計算機なら計算できる。

粉粒体の数値計算は面倒なことを考える必要はない。粉粒体の粒子は球で近似する。平面内の運動だけを考える時は円でいい（アーケードゲームのエアーホッケーでパックがたくさんある状態を想像するとわかりやすい）。粉粒体粒子同士の相互作用のうちで考えなくてはいけないのは衝突である。粉粒体の粒子と粒子が衝突したら跳ね返る。その時、衝突の前と後では相対速度が小さくなる。これは実験的事実で、たとえば、テニスボールなどを地面に落とすと跳ね返って上に上がってはくるけれども、絶対に落とした高さまでは上がってこない。この速度の減り方を表すのが「反発係数」で、反発係数が〇・九なら、衝突の前後で速度が九割に減ってしまう。

衝突の際に速度を減らす要素としてもう一つ大事なのが摩擦である。衝突は一瞬ではあるけれど有限の時間がかかる。この時に摩擦が働いて粒子と粒子の接触面に平行な方向の速度も遅くなる。この二つが粉粒体の粒子の衝突で生じることである。衝突しない時は粒子の運動は自由運動で速度を変えずにそのまままっすぐに進む。衝突するたびに速度の大きさと方向が変わり、次の衝突まで直線運動を続ける（図3－2）。

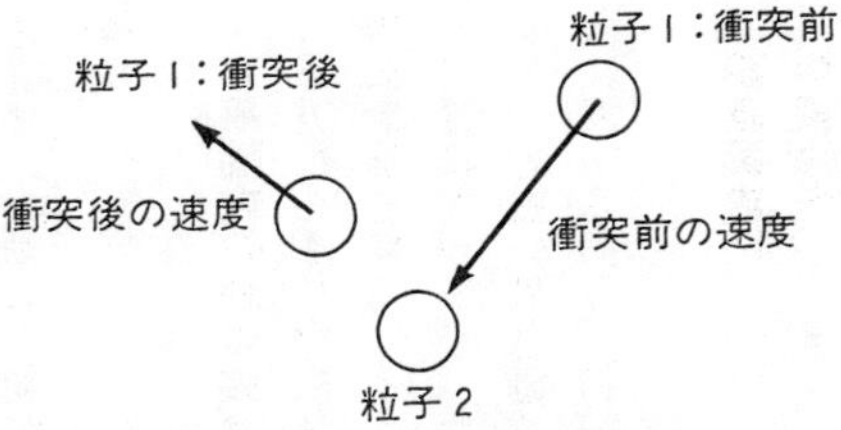

粒子1：衝突前
粒子1：衝突後
衝突後の速度
衝突前の速度
粒子2

図3－2　粉粒体の粒子の衝突前後の速度の変化。

このやり方をもちいた粉粒体をかき混ぜる操作の数値計算は、キャンベルによってなされた。かき混ぜるというのは実際の操作としては棒のようなものを突っ込んで動かすことであるが、この結果生じることは流体の速度が場所によって異なる、という効果である。動いている棒のそばの流体は速く動くけれど遠いところは静止している。この結果、墨が棒のそばから遠くまで広がっていると棒のそばの墨は引っ張られて動き、棒からはなれているところは取り残されるので、全体として墨が引き延ばされることになる。したがって、「かき混ぜ」の効果を調べるためには、何でもいいから場所によって速度が異なるようにすればいい。

水平面内のかき混ぜ

正方形の中に粉粒体を表現する円を詰め込んで向かい合う二辺を逆方向に引っ張るという数値計算をする。そうすると、粉粒体は両方の辺のそばで逆方向に移動するので、場所によって速度差が生じ、かき混ぜの効果を見ることができる。その結果は、流体と変わることはない。普通に引き延ばしが生じるし、「拡散」の仕方も流体と変わらない。だから、水平方向に関する限り、粉粒体を混ぜるのに困難はないことがわかる。

鉛直面内

鉛直面内、つまり、重力に平行な面内のかき混ぜの効果を見るために、重力がかかっている正方形の上の辺と下の辺が逆方向に引っ張られている状態を考えよう。今度は水平の時のようにはうまくいかない。正方形の上の辺のそばでは粉粒体の粒子は辺の動きにひきずられて動き出す。辺から遠くなるほど速度は遅くなり、場所によって異なる速度が生じ、粉粒体は引き延ばされるのでうまくかき混ぜられる。ところが、上の辺からある程度下がったところは「固体」になってしまい、全体がひと固まりとなって、下の辺と一緒に動き出す。この

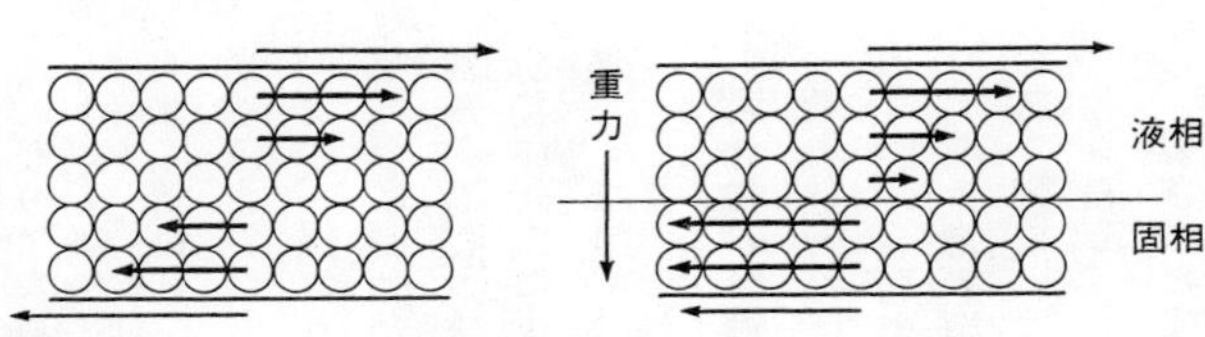

図３－３　かき混ぜの数値計算。左：水平面内、右：鉛直面内。

ため、粉粒体は「固体」の上に「融けた」粉粒体が載ったような形になり、固体の中は混ざらなくなってしまう（図３－３）。

全体を「融かす」にはとても大きな力を加える必要がある。サヴェージの実験によると、一ミリくらいの直径のポリスチレンの玉を数センチ程度積み上げてかき混ぜた場合、一メートル毎秒という速いスピードでかき混ぜても、上から一〇層くらいしか「融かす」ことができなかった。軽くかき混ぜても一様になってくれる流体の場合とは大きな違いがある。軽くかき混ぜただけでは、水平方向には混ぜられても鉛直方向には混ぜにくいのである。赤インクを水に垂らした時の譬えを使えば、水面の上では赤インクはすぐ全体に行き渡るが下のほうは透明なままという不思議なことが起こることになる（粉粒体に赤インクを垂らすわけにはいかないのであるが）。

このことを我々は多分、身をもって知っていて実生活で活用しているとも言える。水に砂糖と塩を溶かすのに、まず、砂糖と塩を良く混ぜてから水に溶かす人はいない。塩を水に溶かし、次に砂糖を水に溶かしてからかき混ぜるだろう。これは粉同士を混ぜるより、液体（水に溶けた砂糖と水に溶けた塩）同士を混ぜるほうが簡単だからである。そうでなければ粉同士を混ぜてから水に溶かすはずだ。また、どうしても粉を混ぜなければならない時、たとえば、小麦粉に砂糖を混ぜたい時に、まず小麦粉を入れて次に砂糖を入れて混ぜる（上下のかき混ぜ）より、容器の右半分に砂糖を、左半分に小麦粉を入れて混ぜるほうが（水平面内のかき混ぜ）やりやすいのではなかろうか。

この、混ざりにくさ、というのは実際、いろいろなところで問題になる。二種類の粉粒体を均等に混ぜたいというのは工業ではわりと良くあるシチュエーションである。たとえば、製鉄の時にコークスと鉄鉱石を均等に混ぜたいとか（実際には層状に積み重ねるのだが）、粉粒体同士に化学反応を起こさせたいなどでなるべく異種の粒子が接触して欲しい時などである。こういう時に粉粒体の「混ざりにくい」という性質はとっても障害になるのである。

混合物の分離——大きさの違い

粉粒体を均一に混ぜ合わせるのは流体の場合ほど簡単ではないということがわかった。それでは、苦労して粉粒体を混ぜたとしよう。この混合物はどの程度安定だろうか？　つまり、混合物の均一性はどの程度維持されるのだろうか？　「混ぜたものがまた元に戻るなんてあり得ない」と簡単に言ってしまっていいのだろうか？

もちろん、全く同じものを混ぜたら、元に戻ったりはしない。たとえば、塩と塩を混ぜたら、混ざったままだ。しかし、これは無意味な事実で、もともと同じものなのだから、混ざったかどうかという区別は塩の粒に一粒ずつ印でもつけておかない限りは無意味である。多少は違いのあるものを混ぜた混合物で議論しないと無意味である。

違い、といっても、いろいろな違いがありうるだろう。重さの違い、形の違い、あるいは、硬さ（弾性）の違いなどなど。ここでは、そのような例の一つとして「大きさの違うもの」を混ぜた混合物の時を扱おう。たとえば、小豆と米の混合物のような。昔、子どもの手品、というような冊子に良く載っていた手品に次のようなものがある。枡一杯の米と枡一杯の小豆を用意する。これを一つの袋に入れて良く混ぜた後、二つの枡に戻す。すると、二つの枡はいっぱいにはならず、少し量が足らなくなる。足らなくなった分はどこへ消えたのだろうか。これは小豆のような大きな粒子の間には米粒が入ることのできるすき間がけっこう空いているので、小豆でいっぱいの枡の中にはまだ米粒ならば入る余裕がある。その分だけ、米が入っていたほうの枡がいっぱいにならない、というのが原因である。わかってしまえば簡単だが、何も知らないで目の前でやられると、ちょっとぎょっとする。

手品のやり方を書いてある本には、手品に使った後の小豆と米をどうするかは書かれていなかったようである。もちろん、適当なふるいがあれば米と小豆を分けることができるが、他にもいろいろ方法がある。というより、大きさの違う粉粒体の混合物は、重力が働いているところで鉛直面内（つまり、重力の働いている方向に沿った面内）のかき混ぜがあるとすぐに分離してしまうのである。

樋流れの中の分離

かき混ぜというのは今まで見てきたように、場所によって異なった速度で動けばかき混ぜになるのであった。全体が同じ速度で動くことのほうが少ないのだから、特に意図的にやらなくてもすぐかき混ぜられてしまう。たとえば、断面が「コ」の字形の樋(とい)を斜めに立てかけてその中に粉粒体を流すような場合を考えよう。これは、粉粒体をある場所からある場所へ移動させる時にはわりと良く使われる方法である。この樋の上の粉粒体の流れの断面図を考えてみよう。樋の底面に接しているところは樋の表面との摩擦があるので流れ落ちる速度が遅くなる。一方、粉粒体流の表面のほうでは、抵抗がないので速い速度で流れ落ちる。表面では速い速度、底面では遅い速度なので、場所によって速度が異なるという状態になり、特に意図しなくても鉛直面内のかき混ぜ、が実現してしまう。

既に混ざっている混合物をさらにかき混ぜることになると何が起きるのだろうか。これもサヴェージによる実験がある。断面が「コ」の字形の長さ一メートル強の樋を傾けて置く。傾きの角度はだいたい「安息角」(第一章参照)程度にする。安息角と同じ角度では流れないから少し大きめの角度にする。実験で使われたのはポリスチレンの球で、直径が〇・九五ミリ前後のものと一・六ミリ前後のもの二種類の混合物である。この粉粒体の安息角は直径によらずだいたい二五度程度であったから、樋の傾きは二六度と二八度の場合を行なう。

この樋の下端からある高さのところにホッパー（第一章参照）を仕掛けて粉粒体をザーッと流し落とす。流し落とす粉粒体の量を調整することにより樋を流れ落ちる粉粒体の深さを調整し、一〇ミリと一五ミリの二通りを試す。

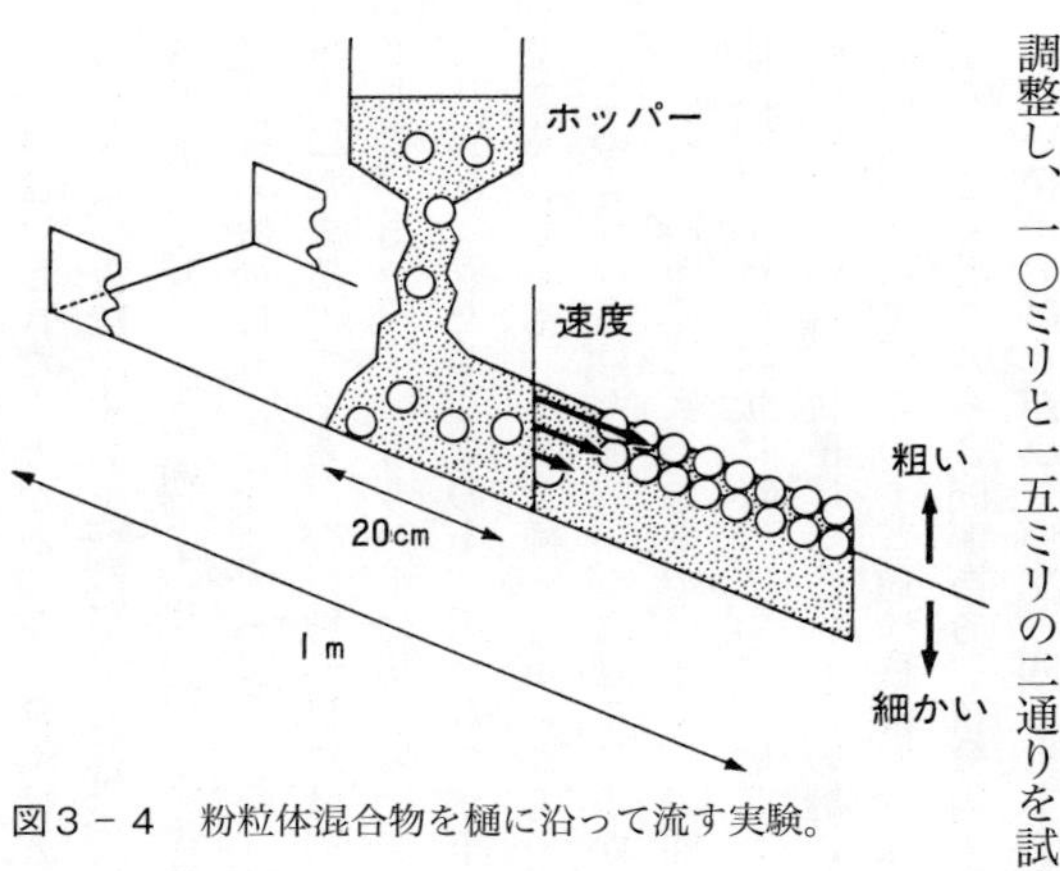

図３－４　粉粒体混合物を樋に沿って流す実験。

樋を流れ切ったところで粉粒体を回収し、混ざり具合を観測する。樋の下端からホッパーのある位置までの距離を変えることにより、流れる距離をいろいろ変えて混合の様子に対する影響を調べることができる。サヴェージの装置では樋の末端で樋の底からの距離によって粉粒体を分けることができる装置が付いていた。それによると、流れ落ちていくうちに混合物は大きい粒と小さい粒に完全に分離してしまうことがわかった。分離の速度はとても速く、もっとも速い場合（傾き二六度、深さ一〇ミリ）では二〇センチも流れるとほとんど完全に分離してしまう。だから、ふるいなんかなくても手品に使った小豆と米を分離することは可能なのである（図３－４）。

一つ言い忘れたことがあった。分離はどのように生じたのだろうか？　いろいろな場合がありうる。粉粒体流の先端に大きな粒が集まる（つまり、大きい粒のほうが速く流れ落ちる）、あるいは、その逆。大きい粒子と小さい粒子がサンドイッチ状に層になる。大きい粒子が樋の底のほうにたまる、などなど。正解は、「大きい粒子が表面に、小さい粒子が底のほうにたまる」である。今、粒の材質は同じポリスチレンだから大きい粒子のほうが重いのである。重い粒子のほうが上に集まる。混合物をかき混ぜると分離する、というだけでもかなり異常事態だが、その上、重いものが上に上がってくるのであるから、かなり、異常な話である。しかも、その分離の速度はかなり速かった。

　このような奇妙な振舞いがなぜ生じるかまだ良くわかっていないが、次のように説明されている。粉粒体は底のほうでは遅く、表面では速く流れているから、大まかに言って、粉粒体は樋に平行に層状になっていて、層ごとに同じ速度で流れていると思われている。重力が働いているから、粒子はなるべく下の層に移動しようとする傾向がある。しかし、下の層は既に埋められているので普通は移動できない。しかし、層内はきれいに並んでいるわけではなくところどころすき間がある。自分の下の層にすき間があれば粒子は下の層に移動する。小さい粒子のほうが小さいすき間でももぐり込めるから下に行きやすく、相対的に大きい粒子が上に取り残される。

　しかし、この説明は完全ではない。混合物は大きい粒子と小さい粒子に本当に完全に分離してしまう。底のほうは小さい粒子ばかりになってしまうのである。もともとは大きい粒子だって底のほうにあったわけだから、底にあった大きい粒子が上に上がる理由を考える必要がある。これはまだ説明されていないので、流れによる混合物の分離はまだ完全には説明されていない。

この流れによる混合物の分離の効果は「流れの化石」を作ることでも知られている。水の中に砂が堆積する時、大きくて重い粒子が下に、小さくて軽い粒子が上に堆積することはあってもその逆はあまり考えられないのが普通である。だが、時には、地層の中に大きい粒子が上に小さい粒子が下に堆積する地層が見られることがある。その原因の一つとして強い流れがあげられている。このような奇妙な地層を見た時、我々は太古の昔に川がどう流れていたかさえうかがい知ることができるのである。

ホッパー流の中の分離

サヴェージは樋に粉粒体を流し落とすのにホッパーを使ったが、ホッパーだって、場所によって粉粒体の流れる速度が異なるから場所による速度差があり、かき混ぜになっているかも知れない。ホッパーに大きさの違う粉粒体の混合物を詰めてから中身を流し出した場合に何が起きるかは、チュチュンによって精力的に調べられた。

チュチュンは大きい粒子と小さい粒子の様々な混合物を注意深くホッパーに詰めてから中

身を流出させて何が起きるかを調べた。その結果、小さい粒子の比率が高い混合物は分離することなく流れ出るが、大きい粒子の比率が高い混合物では小さい粒子のほうが先に流れ出てしまうことがわかった。

この現象は次のように説明された。まず、大きい粒子の比率が高い時は大きい粒子がお互いに直接接していて「ざる」のような大きな穴の開いている網目の構造を作ってしまう。この網目の間の穴を小さい粒子がすり抜けるようにして流れてしまうので大きい粒子が取り残される。一方、小さい粒子が多い時は、大きい粒子の間に小さい粒子がはさまっていて大きい粒子同士は接していないので「ざる」は作られず、大きい粒子は小さい粒子の流れの中に浮かぶ石ころのように扱われるので、混合物は分離することなくホッパーから排出される。

「大きい粒子が互いに接触しないくらい小さい粒子がたくさんあるための条件」を求めてみよう。この条件は、大きい粒子の表面を小さい粒子が覆い尽くすことができるかどうかと同じである。大きい粒子が球であるとすると、小さい粒子が覆わねばならない大きい粒子の全表面積は、大きい粒子の半径がRの時、$4\pi R^2$である。一方、小さい粒子が大きい粒子の表面に一つあった時に覆うことができる大きい粒子の表面積は、小さい粒子の断面積であり、これは小さい粒子の半径をrとするとπr^2である。したがって、大きい粒子一個当たり

$$\frac{\text{大きい粒子の表面積}}{\text{小さい粒子の断面積}}=\frac{4\pi R^2}{\pi r^2}=4\left(\frac{R}{r}\right)^2$$

個だけ小さい粒子があれば、大きい粒子の全表面を小さい粒子で覆い尽くすことができる。大きい粒子と小さい粒子が同じ密度の物質でできていれば、大きい粒子からなる粉粒体と小さい粒子からなる粉粒体を混ぜる前にそれぞれの重さを量っておけば、それぞれの個数比を計算しておくこともできる。大きい粒子の一個当たりの重さは小さい粒子の一個当たりの重さの

$$\left(\frac{R}{r}\right)^3$$

倍である。

ある混合物内の大きい粒子と小さい粒子の重量比をこれで割れば混合物内の大きい粒子と小さい粒子の個数比が求められる。この個数比が「大きい粒子の表面を小さい粒子が覆い尽くせる」条件より多いかどうかを見れば良い。この条件と実験で混合物が分離するかしないかの条件はとても良く一致した。

混合物は扱いにくいばかりで何もいいことはないのかというとそうでもない。第一章で粉

粒体がホッパーから流れ出る時、左右非対称な流れが生じて目詰まりの原因になったりすることを述べたが、いろいろな大きさの粉粒体の粒子の混合物を用いると、流れはぎくしゃくせずに滑らかに流れてくれて都合がいいことがわかった。

パイプの中で回る混合物の分離

物を機械で混ぜる時にはいろいろなやり方がある。容器に入れておいてスクリューのようなものでかき混ぜるのも一つのやり方だが、水平に置いた円柱状の容器に入れてぐるぐる回すというのは良くやる方法ではなかろうか。良く見るのはミキサー車である。生コンクリートを運ぶのに使われている特殊車両で、コンクリートが固まらないようにぐるぐる回しながら運んでいるあれである。

粉粒体の工業的な処理装置にも、この水平に置いた円柱あるいはパイプを用いて粉粒体を混合する、というものがある。この装置を用いて大きさの違う粉粒体の混合物を混ぜようとすると、奇妙なことが起きる。**図3－5**は透明なパイプの中に大きさの違う粉粒体の混合物を入れて長時間回転させたものである。なんと、縞模様ができてしまう。つまり、細かい粒子、粗い粒子、細かい粒子、粗い粒子、というように交互に並ぶのである。

この現象は粉体工学の分野で古くから知られていたが、スタバンスらによって物理的な観点から面白い実験がなされた。彼が用いた粉粒体は、直径〇・三ミリの無色のガラス玉と、

図３－５　粗い粒子と細かい粒子が作る縞模様（Sandia National Laboratory, USA. 中川昌美氏提供）。

無色のガラス玉とは違う直径を持った色ガラス玉（直径〇・〇〇五ミリから〇・〇〇五ミリ）、及び、大きさが〇・二ミリと〇・三ミリの間にある（ようにふるいで漉した）砂である。これを直径一センチから二センチ、長さが直径の五倍から一五倍程度の、細長い、水平に回転するガラス管の中でかき混ぜた。

ガラス管に半分ほど混合物を詰め、次にガラス管を水平にしてガラス管の長い軸を中心にくるくる回転させると、混合物も一緒に回転しはじめる。ガラス管は半分しか満たされていないから粉粒体にはほぼ平らな表面ができる。ガラス管の回転にひきずられてこの表面は水平面からある角度傾いて安定になる（一秒一回転ならガラス玉で三〇度、砂で三六度くらい）。安定といっても、角度がつき過ぎるとザラザラと崩れ、平らになり過ぎるとまた、ガラス管の回転にひきずられて角度が大きくなっていく、というふうに変化するから、あくまで平均の意味である。

回転速度は一〇秒で一回転の遅い回転から一秒三回転の速い回転まで試した。たとえば、砂と無色のガラス玉を混ぜたものを一秒一回転で回転させた時には次のようなことが起こった。まず、二分ほど経過したところで様々な幅（五ミリから数センチ）の縞模様が現れる。その後、一〇分ほどの間にもっとも幅の狭い縞がなくなり、等間隔の一センチ程度の縞が残る。面白いことに、最後に残る縞模様は実験を何度繰り返しても同じであるように見える。つまり、粉粒体は自分で幅を選んでいるように見えるのである（ただし、中川らの最近の実験では、数日にわたってチューブを回転しつづければ縞模様は三本だけになってしまうという結果が得られており、本当は縞模様はいつも三本なのかも知れない）。

この実験の様々な変形版も行なわれた。同じ実験をガラス玉同士の混合物で行なうと混合物の分離は全く起こらない。このことから、ただサイズが違うだけでは駄目で、粒子がザラザラで摩擦が大きくないといけないことがわかる。一方、摩擦が十分大きければ、粒子の直径はほとんど同じでもわずかな差がありさえすれば混合物の分離が生じることがわかった。

ガラス玉で縞模様を作るのは絶対無理かというとそうでもない。太さが一定でないガラス管、たとえば、太いところと細いところが互い違いになっている（つまり、ところどころ膨らんでいる）ようなガラス管を用いると、大きい粒子は細いところに、小さい粒子は太いところに集まる。あるいはネジをきったガラス管（つまり、管の内側にネジ状のスジが彫りこんであるもの）を用いると、大きい粒子と小さい粒子が左右に完全に分かれてしまう。ネジの切り方を逆にしたり（つまり、右ネジと左ネジ）、回転の方向を逆にしたりすると左右が必ず入れ替わる。つまり、右回しで、左半分が粒の大きいもの、右半分が粒の小さいもの、と分かれたとすると、管を逆に左回転にすると左右が入れ替わって左半分が粒の小さいもの、右半分が粒の大きいもの、となるのである。これなどは手品に使って混じってしまった小豆と米を、元通り分離するのに使えそうである。

樋を流れ落ちる時や、ホッパーから流れ出る時は、一応上下の差だったから（結果が直観的ではなかったとはいえ）、まだ説明のしようがあったが、水平方向の縞模様となると、この現象を説明する単純な説明はない。しかし、この縞模様ができる原因は、混合物の中のほんのわずかな混ざり方の非一様性であることは間違いない。わずかな乱れは普通、混ぜられて一様になっていくのだが、この場合は何らかの理由でわずかな乱れが強調されていくのである。粉粒体がきれいな縞模様を作っていく様はまるで砂が自分の意志をもって動いているかのようで気味が悪い。一度、混ざったものがわざわざ元に戻って分かれるという現象はどういう意味があるだろうか？

エントロピー増大と宇宙の熱的死

この世のものは乱雑になるばかりで決して秩序だった方向には変化しない、という法則がある。「混ざったものが元に戻る」という粉粒体の性質はこの法則にひどく反しているのである。トランプを用意しよう。最初に黒と赤の札に二等分して重ねる。これをきればあっと言う間に赤の札と黒の札は混ざってしまい、きっているうちにまた、赤の札と黒の札がもう一度分かれるなどということは決して起きない。

乱雑さを表すのにエントロピーという量がある。エントロピーが大きいほど乱雑さが大きい。では、どうしてエントロピーは減ることがなく増大するばかりなのか。この乱雑さの増大は、実は単に我々が状態を区別できない、ということに起因している。我々は赤い札と黒い札が分かれて重なっている状態とメチャクチャに混ざっている状態は区別できる。しかし、赤い札と黒い札が分かれて重なっている時、赤い札や黒い札の集まりの中の赤い札や黒い札の重なっている順番は気にしない。赤い札と黒い札がごちゃごちゃに重なっている時は順番を全く気にしない。したがって、トランプをきっていった時、どちらが現れる確率がどのくらい多いかは、どちらのほうが（完全にメチャクチャなカードの配列と赤と黒にきれいに分かれる配列のうちの）より多い場合の数を持っているかだけによることになる。

トランプの五二枚のカードを重ねて並べるやり方は全部で8×10^{67}通りほどある。つまり、数字の八の後にゼロが六七個続くという途方もない数である。一方、赤と黒の札を別々にして重ねるやり方は1.6×10^{53}通りしかない。トランプをでたらめに並べてその並べ方がたまたま赤ばっかりと黒ばっかりに分かれる確率はこの両者の比であり、約五〇〇兆分の一しかない。逆に言うと五〇〇兆回トランプをきれば赤と黒の札がまた別々になって重なることがありうるのだが、これにかかる時間はあまりにも膨大である。

一秒に一回ずつトランプをきったとしよう。赤と黒の札が分かれる重ね方に行きつくには、（つまり、五〇〇兆回きるには）どれくらいの時間がかかるだろうか。一時間は三六〇〇秒、一日は二四時間、一年は三六五日だから、一年はだいたい三〇〇〇万秒である。よって、一年にトランプをきるのべ回数はたったの三〇〇〇万回である。五〇〇兆は三〇〇〇万の一六〇〇万倍程度なので赤と黒の札が分かれるということが起きるまでには少なくとも一〇〇〇万年以上かかることになる。だから、事実上、一度、混ざってしまった赤い札と黒い札がきっているうちに偶然元に戻るということはあり得ないのである。

この世のものは何でもだいたい、乱雑な場合のほうが数が多い。たかが五二枚のトランプでも、秩序だった場合（黒の札と赤の札が分かれて重なる）と乱雑な場合（赤と黒の札が混じっている）では場合の数の差がこれほどまでに大きいのだから、天文学的な数のある原子の配置を考えたら乱雑なほうがずっと多い。エントロピーの増大とは、つまり、単に、乱雑な状態のほうが出現確率がものすごく大きいということを示しているにすぎない。宇宙の年齢はたかだか一五〇億年ほどしかないから、宇宙にある原子の数だけの枚数のトランプをきってすべての並べ方を尽くすことは、事実上不可能である。だから、バラバラのものが秩序ある状態に戻る（つまり、トランプのきり過ぎで赤と黒の札が再び分かれてしまう）ということはあり得ない。

こう考えてくると、今、我々が生きている宇宙はとても特殊な状態である。確かに、人生は平穏ではなく、先が読めないように感じるかも知れないが、すべての原子の配置が乱雑ならば、我々は存在しないはずである。昼と夜が二四時間周期で繰り返すという規則正しい運動自体、乱雑な配置からは生まれ得ない。明らかに、何らかの秩序が存在する。

この我々の宇宙の特殊性は、普通は「宇宙が誕生した時はとても秩序だった状態であった」ことの名残であると信じられている。だから、今我々が生きている時代は全宇宙が完全に乱雑になってしまう途中の状態で、遠い未来には宇宙は乱雑になって死んでしまうと思われているのである。これは宇宙の「熱的死」と呼ばれている。「熱的死」と呼ばれるわけは「熱」の発生は原子レベルでのエントロピーの増大に他ならないからである。熱とは、原子や分子が激しく、ランダムに運動している状態であるが、これはつまり、原子レベルでエントロピーが大きい状態ということに他ならない。宇宙中の原子がエントロピー最大の状態になってしまった状態、宇宙が完全に乱雑になってしまった状態、それが「宇宙の熱的死」である。

生命の起源

我々の宇宙は熱的死に向かって歳をとっているという。今、我々が多少なりとも秩序ある世界に住んでいるのは、宇宙の最初の状態は非常に秩序だった状態だったからだという。でも、これでは神の宇宙の創造神話に逆戻りではないか。どうして、宇宙の誕生の瞬間は秩序がそんなにあったのか。今のところ、うまくそれに答えられる人はいない。

エントロピー増大の法則は正しい。宇宙は死につつあるのだろう。だが、それにしては、我々の周囲にはあまりにも乱雑さが足らないような気がする。たとえば、生命というのはエントロピー増大の法則に対する、非常に大きな反例である。生命は外界からエネルギーを取り込み消費して排泄する。自分は秩序だったエントロピーの低い状態を保ちながら、周囲にエントロピーをまき散らして生きている。エントロピー増大の法則はしょせんは宇宙全体に対して当てはまる法則に過ぎない。宇宙全体のある部分だけエントロピーが減少し、無秩序から秩序が現れても構わないのである。トランプ全体が赤と黒に分かれる可能性は無限に低くても、数枚、同じ色のトランプが続くということはありうる。そこだけ見れば、エントロピーが減少して秩序が無秩序から現れたように見える。

だが、あることが起きても「構わない」ということと、実際に起きて「いる」ということは全く別である。生命が存在しても「構わない」ということと、実際に存在して「いる」ということの間には大きなギャップがある。誰にも正確に知ることはできないけれど、もし、生命が原始地球の海で生まれたとするなら、最初は水の中に様々な原子や分子が溶けた一様な「生命の素」スープがあったはずである。そこから、ある日、一様性が崩れて、ある物質がある場所に集まって生命を作り上げたのだろう。これは偶然だろうか。たまたま、神がトランプをきっている時に赤い札が一〇枚くらい続けて並んだだけだろうか？

そうではないかも知れない。粉粒体のような単純なものですら、エントロピーの増大則に逆らって、粗い粒子と細かい粒子が分かれるという現象を起こす。しかも、これは必ず起こることであり、偶然ではない。だから、もっと複雑そうな、原始の海で散らばっていた原子があるところに集まって生命を作り上げるという、一見、エントロピー増大の法則に反するような「偶然」が「必然的」に起きるような仕組みがあっても良さそうな気がするではないか。

粉粒体の混合物が縞状に分離することと、生命の誕生の起源との距離はものすごく遠い。しかし、遠い未来のいつかには、生命がエントロピー増大則に逆らって誕生した理由が、広い意味で粉粒体の縞状構造と同じ原因であることがわかる日が来るかも知れない。

第四章　吹き上げられる

液体とは何か

この世の物質はほとんど、三種類に分類できる。固体・液体・気体である。固体、これはわかりやすい。固体は固有の形を持っている。石ころも、ダイヤモンドも、机も、椅子も、地球も（ちょっと違うか）、固体である。あるものが固体かどうかと聞かれればだいたいわかる。液体と気体はどうだろうか。これだってわかりやすい。空気は気体だ。都市ガスも気体。飛行船の中にはいっているヘリウムも気体だ。水蒸気も気体。一方、水は液体だし、ガソリンもてんぷら油もアルコールも液体である。別に区別は難しくない。

だが、もし、瓶の中に透明な流体が詰まっていて「これは液体ですか、気体ですか」と聞かれたら実はけっこう答えるのは難しい。普通、液体や気体は「流れる」ものである。これから、固体とは区別できる。だが、流れるという性質は液体と気体は全く同じである。ナヴィエが導き出した流体の運動方程式は対象が液体でも気体でも成り立つ。ただ、粘性（流体のねばっこさ。粘性が小さければサラサラ流れ、粘性が大きければ、ねっとりした感じになり、流れにくくなる）や密度などの物質の性質を特徴づける物理量の値が大きく異なるので、挙動が違うように見えるだけである。だから、運動の仕方を見て、「あれが液体、これが気体」とは言えないのである。

では、物理量の値の差で液体と気体を区別できるだろうか。たとえば、密度が大きい（つまり、重い）ならば液体で、軽ければ気体、というふうに。残念ながらこれはうまくいかない。たとえば、我々が呼吸している空気は普通の温度では決して液体にならないことが知られている。ということは、圧力を高くすれば気体のまま、どんどん密度を大きくしていくことができる。もちろん、理論上は「水より重い気体の空気」というのも作れるわけだ（それだけの高圧をささえる丈夫な容器が作れさえすれば）。スキューバダイビングで用いるボンベはずっしりと重いが、容器が重いばかりでなく、中の空気も圧縮されて重く感じるまでに密度が高くなっているのである。もちろん、水に比べて重くなるほど密度が高いわけではないけれど。

ちょっと計算してみよう。一回のダイビングは四〇分である。人間が一回の呼吸で吸い込む空気は〇・五リットルくらいだろう。一分間に二〇回呼吸するとして四〇分間に必要な空気の量は〇・五×二〇×四〇で四〇〇リットルくらいである。空気の密度はだいたい、一グラム毎リットルくらいなので全部で四〇〇グラムである。スキューバのボンベは一〇リットルなのでボンベの中の空気の密度は四〇グラム毎リットルくらいであろう。水は一キログラム毎リットルだから、普通の液体に比べればずっと軽い。だが、この世で一番軽い元素、水素は、液体になっても七〇グラム毎リットルしかない。つまり、ボンベの中の空気の重さは、この世で一番軽い液体とあまり変わらないわけである。だから、「どの液体よりも軽いものを気体とする」としても、液体と気体の区別はかなり危ういのである。その他の物理量を基準にしてもやはり、液体と気体をきちっと分けることは本当にはできない。

「何を面倒なことを。ビンを開けてコップに注げばわかるじゃないか。水面ができれば液体だし、どっかに飛んでっちゃえば気体だ。それでいいではないか」。全く、その通り。でも、水面とはなんだろうか。「気体が重力下で液体と共存した時にできる境界面」である。つまり、気体があって初めて液体を定義できる。昔、中国の哲学者が「壺は壺の材料が大事なだけではなく、壺の中に空間があって初めて役に立つ」と言ったそうだが、まさに、気体なければ液体なし、液体なければ気体なし。これが物理学の現状である。

実際に、あるものが気体か液体かを決めるちゃんとした手続きは次のようにするしかない。まず、「これは気体である（あるいは、液体である）」ときちっとわかっているものを持ってくる。この物体の温度を上げ下げしたり圧力を変えたりして、固体になったり、液体になったり、気体になったりする様子を観察して液体／気体の区別をつける。これなら、例外なく、気体と液体を区別できる。本当は気体のものを液体と間違って定義して実験を始めたとしても大丈夫。温度を下げたり圧力を上げたりすると「液化」するところが見られるから、気体を液体と間違っていたことに気づくことができる。

ちょっと乱暴だが、気体・液体・固体の定義は温度や圧力を変えていって変わる状態を名づけたもの、と言ってしまっていいだろう。そういうおおらかな定義なら、粉粒体にも気体・液体・固体が存在するのである。

粉粒体の固体状態

容器に粉粒体を入れる。具体的にはコップに砂や塩を入れる。これは粉粒体の「固体」であり、しっかり固まっている。容器が十分大きければその上に立つこともできる。だいたい、第一章でも述べたように、建造物の地盤というものはそもそも粉粒体であるから、これが固体でなければその上に家を建てることはできない。これを「融かす」方法はいろいろある。一番簡単なのは第一章のように重力によって流す、である。

昔、『ピラミッド』という映画があった。大金をつぎこみ、大がかりなセットを使って大勢のエキストラを雇って大作を作っていたころのハリウッド映画で、自分の墓（つまり、ピラミッド）を作るのに情熱を燃やすファラオの物語だったと思う。詳しいストーリーは忘れてしまったが、できあがったピラミッドに遺体を安置した後、どうやって扉（？）を閉じるかという仕組みの想像がたいへんリアルだったのでそこだけは良く覚えている。巨大な岩の板を容器の中に詰めた砂の上に垂直に立てておき、これを扉とする。王が死んだら死体を安置し、砂の入った容器の下部についている栓を開く。すると、たった今まで巨大な岩を支えていた砂が流動化し、栓からサラサラと流れだしはじめる。それとともに支えを失った大岩がゆっくりと下がりはじめ、墓所の入口を閉じる、という仕組みであった。これこそまさに固体状態の粉粒体を融かすという技術の応用例だったと思う（ただし、本物のピラミッドがこういう機構を採用していたとは限らない。念のため）。

このやり方の限界は融けた粉粒体がすぐ固体に戻ってしまうことである。流れている時しか融けていてくれないのでは不便である。何とかして、粉粒体を長い時間融かしたままにできないだろうか？

風の中のひと粒――無重量状態を作る

粉粒体を「融かす」には、粉粒体の接触をなくせば良い。たとえば無重量状態に持っていくのが手っ取り早い。しかし、粉粒体を融かすだけのためにいちいち宇宙に行くのは面倒だし、だいたい、液体を固体に、固体を液体に、という操作を素早くすることができない。宇宙に行く以外には無重量を作ることはできないのだろうか？　無重量ということは要するに、重力の方向に落下しなければいいわけだ。つまり、重力に対抗する力を上向きにかければいい。一番安易なのはひもをつけて吊るす手だが、一ミリ以下の粒子ひと粒ずつにそんなことをしていたら日が暮れてしまう。もっとうまいやり方がある。それは、容器の底を網にして下から空気を吹き込むという方法である。

空気が激しく上昇しているところでは、軽いものは上に上がっていく。そうでなければ、物体は重力に引かれて落ちる。その中間にちょうど上がりも下がりもせず、空中に静止するような空気の速度がありうる。

たとえば、スカイダイビングを考えよう。大空高く舞い上がった飛行機からパラシュートを格納した袋をリュックのように背負って飛び降りるわけだが、すぐにはパラシュートを開かない。というより、パラシュートを開くまでが楽しい。パラシュートを開かないと高速で落下するわけだが、重力が働いているからといってどんどん加速されるわけではない。すぐに一定の速度で落下するようになる（一定の速度といっても、姿勢や手足の伸ばし方で、右に行ったり左に行ったり、ブレーキをかけたり加速したりできる。そうすると、なんとなく自由に空を飛んでいるような気持ちになる。ジェームズ・ボンドの昔の映画でパラシュートをつけずに飛行機から放り出された主人公がパラシュートを背負って先に降下した悪漢に追い付きパラシュートを奪うというシーンがあったが、これなど落下の速度や方向の調節が可能だからこそできることである）。

もし、落下している間中、重力で加速されつづけたらとんでもないことになってしまう。たとえば、高度五〇〇〇メートルから飛び降りたとして、地上につくまで重力による加速度でそのまま加速されつづけたら、地上に着くころには秒速三〇〇メートル以上になってしまう。これではほとんど音速（普通の温度で毎秒三四〇メートル程度）に近い速度である。このようなことにならないのは空気の抵抗力のおかげである。速いスピードで落ちれば落ちるほど、空気の抵抗力は大きくなる。したがって、重力によって加速されるに従い抵抗力が大きくなり、そのうち、重力と同じ大きさになり、重力が打ち消されてそれ以上加速されなくなるのである。

これとは逆に、人が止まっていて風が下から勢いよく吹き上がっていてもいい。この時は人間はあたかも宙に浮いているように見える（ちなみに、この原理を応用した遊びがあるようである。下から強風が吹き上げている部屋があり、ポンと床を蹴ると体が宙に浮くようになっているのである）。この原理を応用すれば粉粒体の粒子を空中に浮かすことができる。これなら、重力はないのと同じなので、あたかも無重量であるかのように粉粒体は振舞うことができる。

ちなみに、球が速度uで落下している時に（あるいは、静止している球の周囲の空気の速度がuの時に）半径Rの球が受ける抵抗力Fは、uがあまり大きくない時には

$$F \propto R \times \eta \times u$$

である（∝は比例を意味する）。粘性率ηは球の周囲を満たしている流体の粘性率である。この粘性率が大きければねっとりとした流体で、小さければサラサラした流体である。ここで注意しないといけないのは、粘性係数がゼロだと抵抗力が働かないことである。抵抗が全

然ないサラサラの流体（普通はそういうものにはお目にかかれないが）の中でスカイダイビングをすると、抵抗力が働かず、どんどん加速してしまって悲惨なことになる。

普通の空気は粘性率がゼロではないので、粉粒体の入っている容器に下から風を吹き込むと、粉粒体粒子にはちゃんと上向きの力が働く。吹き込む空気の速度を徐々に速くしていけばそのうち重力に打ち勝つ力が働き、粉粒体が浮き上がる。この時、重力は打ち消されており、見かけ上無重量状態になるので粒子はお互いに接触しなくなり、粉粒体は「融ける」。こう書くと、空気の力がちょうど重力と釣り合うように非常に正確に空気の流速をコントロールしないと粉粒体を融かせないかのように、一見、感じられるが、そこはうまくできている。

容器に詰まった粉粒体に下から空気を吹き込むと、空気は粉粒体の間のわずかなすき間をすり抜けて流れる。すき間を流れると、実際に吹き込んだ速度よりもずっと速く流れることになる。たとえば、人でいっぱいの部屋から退出する時を考えてみよう。コンサートなどに行って、帰る時に観客が一度に席を立って外へ出ようとすると、普通、ホールの大きさに比べて出口は小さいから、出口にたどり着くまでものすごく長い時間がかかる。ところが、出口にたどり着いた途端、突然、速く歩けるようになる。あるいは、注射器の中の液体を、ピストンを押して押し出す時を考えよう。ピストンをゆっくり押しても液体は勢いよく飛び出す。これと同じ原理で、粉粒体の間のわずかなすき間に押し込まれた空気の速度は、実際に吹き込む空気の速度に比べてずっと速くなる。

このおかげで、吹き込む空気の速度をゼロから徐々に速くしていくと次のようなことが起こる。吹き込む空気の流れの速度が単一の粒子を支えるには十分な大きさになる前に、粉粒体の間を抜ける速度は粒子を持ち上げるくらい速くなりうる。その結果、粉粒体の粒子が浮き上がる。そこで、さらに速度を上げると、空気によって押し上げる力が重力より大きくなるので、粒子は上昇を始めて、飛んでいってしまいそうに思える。ところが、浮き上がると粒子と粒子の間の間隔が開くので粒子の間を流れる空気の速度は遅くなり、押し上げる力が弱くなり、重力とバランスしたところで静止する。つまり、適当な速さで空気を吹き込んでやれば、粉粒体自身が自分で粒子間の間隔を調整して、うまく重力と釣り合うような力がかかるように自分の周囲の空気の速度を調整するのである。だから、粒子は飛んでいってしまわずに、容器の中にとどまりつづけることができるのである。

こう書くと、何とも微妙なバランスが必要なように感じられるかも知れないが、そうでもない。何かの拍子で、この「適当な間隔」からずれたとしても大丈夫である。たとえば、粒子の間隔が開き過ぎてしまったとしよう。すると、粒子の間を流れる空気の速度が遅くなる。その結果、空気から粒子に働く上向きの力が弱くなり、粒子は落ちはじめる。すると間隔は再び狭まり、空気の流れが速くなって空気が及ぼす上昇力が重力を打ち消す大きさまで回復し、間隔が元に戻って安定する。逆に、間隔が狭まり過ぎた時は空気の速度が速くなり、粒子を押し上げて間隔を広げ元に戻す。

このような原理で、空気の速度が速くなり過ぎない限り、膨らんで全体の体積が徐々に大きくなるものの、安定した状態（つまり、上昇も下降もしない）で粉粒体は容器の中にとどまりつづける。これが破綻するのは一つ一つの粒子を独立に持ち上げられるほど空気の速度が速くなった時である。こうなっては、粉粒体の粒子の間隔がどんなに開いても空気が及ぼす上昇力は重力以下にならないから、粉粒体は上昇しつづけ、最後には容器の外へ飛んでいってしまう。逆に言うと、粉粒体粒子が浮き上がりはじめてから飛んでいってなくなってしまうまでの間は、粉粒体は容器の中で「融けた」状態でいるわけである。実際にはそこまで速度が速くならなくても、「泡」ができたりしてしまって一様な「液体」でなくなってしまうことのほうが多いのだが、これについては後ほど触れる。

粉粒体の液体状態——粉粒体の中で泳ごう

下から空気を吹き込んで、粉粒体を浮かせることで「融かし」、液体状態の粉粒体を作ることができた。具体的な作り方をフルカワとオオマエの七〇年近く前の実験で見てみよう。実験に用いられる粒子は直径が二七七マイクロメートルから七五五マイクロメートルまでの、様々な大きさのポリビニルアセテートの球である。粒子の材質の密度は一・三グラム毎ミリリットルである。粉粒体を詰めるための容器は直径が六センチのガラス管が用いられる。これに空気を数センチ毎秒から数メートル毎秒程度の速度で吹き込んでやると、小さい球の場合は五センチ毎秒程度、大きい球の場合は十数センチ毎秒程度で、粉粒体がすっかり「融ける」。

こうしてできた粉粒体の「液体」は本当に液体にそっくりである。たとえば、液体の表面は水平である。つまり、重力に垂直な平面を作る。容器を傾ければ表面も傾く。表面に衝撃を加えれば水面に波が立つように波紋ができて伝播していく。コップに水を入れて勢いよくかき混ぜて回転を与えると、渦の中心がへこみ縁が持ち上がるが、粉粒体の液体の入っている容器を回転させてやると、粉粒体の液体の表面が同じように変形するのを見ることができる。回転が速いほど、縁の持ち上がりは大きくなるが、その大きくなるなり方と回転速度の関係は液体の場合と全く同じ関係が成立する。粉粒体の液体の中に圧力計を入れて、圧力が深さとともにどのように変わるかを測定すると、液体と同じように深さに比例して圧力が高くなっていく。第一章で見たように、粉粒体をただ積み上げた時には圧力が深さによらず一定になるが、液体状態の粉粒体ではそのような振舞いはしない。

液体状態の粉粒体の中に重いものを入れれば沈むし、軽いものを入れれば浮かぶ。つまり、アルキメデスの原理が成立する。粉粒体を構成している粒子は水より大きな密度を持っており、空気の速度が比較的遅く、液体状態になったばかりのところでは粒子間のすき間は小さいので、粉粒体の液体の密度は非常に大きい。舟だって浮かべられるのではないか。実際に実験をしている人の話では「中で泳げるはず」ということだ。水より比重が大きいから溺れにくくて安全かも知れない。もっとも、「液体」の中での「水泳」中に目を開けたら大変なことになると思うが。

「粉粒体の中の水泳」は実際に応用もされている。一九八〇年に新宿で起きたバス放火事件での重傷の火傷患者の治療に、粉粒体の液体状態を用いたのである。重傷の火傷の場合、皮膚に刺激が加わらないことが重要だが、重力下で体を支えなくてはいけない以上、「皮膚に何も触れない」というのは、元来、無理な相談である。しかし、粉粒体の液体状態の中に浮かべれば、粉粒体粒子と空気以外は皮膚に触れることがなく、しかも、安定して体を支えることができるので、従来、このような目的に用いられてきたウォーターベッドなどに比べても床ずれなどが起きにくく、非常に良い成績をあげたのである。

このように、粉粒体の液体は本当の液体にとても良く似ている。しかし、似ているといっても、これらの類似点のうち「はっきりとした『表面』がある」ということ以外は、すべて流体の性質である。この章の最初に書いたように、「流体」というだけでは液体か気体かは区別できない。本当に液体であるためには、「固体」が融けたもの、という性質が大事である。温度を下げたら固体になるのが液体、ということで液体と気体を区別しよう、ということにしたのであるから。

そういう区別ができるためには「温度」が定義できないと無意味である。普通の物質の場合、温度を上げると固体・液体・気体、と変化するのであった。粉粒体の場合は、吹き込む空気の速度を変えると「固体」が「液体」になるのであった。すると、空気の速度が「温度」に対応しそうだが、その対応はどの程度正確なのだろうか。

液体や気体の場合、温度は「粒子の運動エネルギー」である。すなわち、温度Tは粒子の運動エネルギーと比例関係にある（この温度Tは「絶対温度」と呼ばれる温度で単位はK（ケルビン）である。我々が日常用いている「摂氏」℃ではない。摂氏を絶対温度に直すには約二七三度を加えればよい。二七℃は約三〇〇Kである）。空気の速度はこの条件を満たしているだろうか。直接的な証明はないけれども、実験的には間接的ながら、粉粒体の液体状態では空気の速度と粉粒体粒子の運動エネルギーは、ほぼ比例関係にあるようである。したがって、一応、空気の速度を温度と見ても良さそうである。

しかし、これだけでは不十分であろう。本当の液体で温度に意味があるのは、液体の状態を特徴づける量であることがわかっているからである。つまり、粘性や密度のような物理量が温度の関数としてきちっと求められるから意味があるのであり、粉粒体の液体において空気の速度を温度として扱うのなら、粉粒体の液体状態を特徴づける量、すなわち、何らかの物理量が空気の速度の関数であることが示されないと意味がない。

いくつか例を見てみよう。第一の例は粘性の温度依存性である。液体においては温度Tを上げると粘性係数ηが急速に減少する。つまり、温度を上げると液体はサラサラになる。サ

ラサラになるなり方の温度依存性は、

$$\eta \propto e^{-A/k_B T}$$

という関数関係であることが知られている（Aは適当な定数である）。これはアレニウス・プロットと呼ばれ、非常に一般的に成立する式である。粉粒体の液体状態ではどうなっているかを調べるために、フルカワとオオマエは粉粒体の液体状態での粘性を様々な条件で測定した。

粘性を測定するには、第三章でかき混ぜの時に用いたような「向かいあった壁が逆方向に運動している箱」を用いる。粘性による抵抗力は向かいあった壁の速度差に比例するはずである。そこで、ある速度差で壁を動かすのに必要な力を測定し、得られた力を速度差で割って、これを粘性の大きさとする。このような測定を空気の速度や粒子の大きさをいろいろ変えて行ない、粘性ηと空気の速度uの関係を調べると、膨張がそれほど大きくない時（一・五倍以下）には見事に

$$\eta \propto e^{-A'/u}$$

という関係が得られることがわかった。したがって、空気の速度は形式的に温度であるだけでなく、ある程度定量的に液体における温度の役目を果たしているということができる。

もう一つ、拡散係数を見てみよう。拡散係数は粒子の拡散の速さを特徴づける物理量である。拡散は第三章で説明したように、赤インクを水に垂らしてかき混ぜなかった時に赤インクの粒子が全体に行き渡る過程であった。拡散係数が大きければ拡散は速く、赤インクは全体に素早く行き渡る。液体では拡散係数は絶対温度Tに比例して大きくなる。粉粒体の液体ではどうなるだろうか。それほど重くなくて小さい粒子であれば、粉粒体の液体の拡散係数は空気の速度uと比例関係にあることがわかった。したがって、再び、空気の速度は液体における温度と同じ役割を果たしていることが確認された。

もちろん、以上二つの例だけで空気の速度が温度に相当するということを結論づけるのは早計ではあるが、この他にもいくつか液体と粉粒体の液体の間で対応が確認されている現象があるので、これくらいでだいたいいいことにしてしまおう。

さて、粉粒体の液体に「温度」に相当するものがあることがわかったのだから、固体が融ける時と粉粒体が融ける時の関係を見てみよう。これが対応していれば、「固体が融けたものが液体である」という液体の広い定義に粉粒体の液体が当てはまることが言える。現実の固体が融けて液体になるということ自体、物理学で完全に理解されているわけではないが、固体が融けて液体になる時に当てはまる経験則的な法則がいくつか知られている。

たとえば、バシンスキーは固体が融けて液体になる時、

$$\eta \propto 1/(V-V_m)$$

であると予想した。ここで、Vは液体の体積、V_mは融ける寸前の固体の体積である。この式は固体になる（$V=V_m$）とηが無限に大きくなる（つまり、流れなくなる）ということを示している。この式はその後、現実の液体で良く成り立つことが実験的に確認された。

フルカワとオオマエはこの関係が粉粒体が融ける時にも成立することに気づいた。即ち、

$$\eta \propto 1/(V-V_{mf})$$

である。Vは粉粒体の液体の体積、V_{mf}は粉粒体が融けはじめる時の体積である。

もう一つの例をあげよう。やはり、固体が融けて液体になる時に近似的に成り立つ式として

$$T^{1/2} \propto [1-(V_m/V)^{1/3}]$$

が知られている。前半の式は粘性と体積の式であったが、今度は体積が温度の変化にどのように影響されるかを直接問う式である。フルカワとオオマエはこの式の粉粒体と液体版、

$$u^{1/2} \propto [1-(V_{mf}/V)^{1/3}]$$

をチェックして、やはり、体積の増大がそれほど大きくない時には非常に良く成り立つことを示した。

以上、二つの例から見る限り、粉粒体が「融けて」、「液体」になる時の様子は固体が融ける時の振舞いと非常に良く似ていると言える。

粉粒体の液体状態は、流体としての基本的な性質を満たし、「温度」を持ち、「融け」方も通常の液体と良く似ていることがこれでわかった。さて、固体から液体まで来た。粉粒体の液体はさらに「温度」を上げると気体になるだろうか？

粉粒体の気体状態——沸騰する粉

耐熱性のガラスの容器に水を入れて、ガスコンロにかけて熱したとしよう。最後に起きることは何だろうか。沸騰である。水が熱せられて湯になり湯の温度が一〇〇度（正確には大気圧が一気圧の時一〇〇℃。より一般的には沸点）に達したところで湯が沸騰を始める。沸騰は水が水蒸気になる場合の、ある特別なやり方である。

液体の温度を徐々に上げていくと、いずれ沸点に到達する。液体はそれ以上高い温度になることができない。そのため、さらに熱を加えつづけると、加えられた熱は液体を気体に変えるためのエネルギーとして消費されるしかない。液体の表面の部分から気体に変わっていけば、問題はないのだが、実際には液体の表面は温度の低い気体と接しているので沸点には

図4－1　粉粒体の中にできた気泡（名古屋大学工学部森滋勝氏提供）。

なっていず、直接加熱されている容器の底面のそばで液体が気体に変わる。しかし、容器の底面ではもちろん、できた気体は液体の中に出現することになる。結局、液体の中に気体の泡を吹き込んだような状態が出現する。気体の密度は液体の密度よりずっと小さいので浮力が生じて気泡は上昇する。水面に達して空中に気体が放出されるが、そこは、温度が沸点以下なので再び液体に戻る。これが、沸騰の原理である。

「融けて」液体状態になった粉粒体は、さらに「温度」を上げていくと沸騰するのだろうか？　粉粒体の液体では「温度」に相当するのは空気の速度であった。そこで、空気の速度をさらに速くしてみる。すると、見事に沸騰状態が出現した。容器底部で気泡が発生し、それが上昇していく現象が見られるのである。ここではお見せできないのが残念だが、実際に泡ができて粉粒体の中を上昇していく様子は沸騰にあまりに良く似ていて、運動の様子だけを見せられたら、肉眼では液体の沸騰と全く区別がつかないほどである（図４－１）。この粉の「沸騰」は本物の沸騰にどれくらい似ているだろうか。

ここで、液体と粉粒体の液体を比較した時のような比較がいろいろできればいいのだが、残念ながら沸騰というのはかなり複雑な現象で、現代物理学ではきちっと解明できていない。まず、容器の底部が熱せられていて、液体の表面は温度が低いので液体の「対流」が生じる。すなわち、底面で熱せられた液体は体積が膨張して密度が小さくなり、軽くなるので浮力が働いて上昇する。しかし、上昇するにしたがって冷やされて体積が縮むので、また下に下がりはじめる。容器の底に到着すると再び熱せられて、というふうに液体が上にいったり下にいったりする。これが対流である。味噌汁やミルクを入れたコーヒー、紅茶を見るとこのような動きが見られるであろう。

沸騰などしていなくて、ただ液体が対流するというだけの現象でも、物理学では何が起きるか良くわかっていない。さらに、水の中に水蒸気の泡ができると、泡同士が合体したり分離したりするが、水中の泡がどのように合体したり分離したりするかは流体力学ではまだ良く計算できない。その他、いろいろな問題があるので詳しいことは良くわかっていないのである。したがって、粉粒体の沸騰と現実の沸騰を比較するといってもごく限られた場合だけになってしまう。

粉粒体の沸騰で生じる気泡の運動を観測するには特別な実験装置が必要である。まず、水の時と違って粉粒体の液体は透明ではないので、容器の中央部で泡が生じても見えない。ところが、気泡は容器の壁を避ける傾向があるので、円筒状の容器ではまず、粉体を肉眼で確認することはできない。この場合は、X線を用いる。ただ、解像度がそれほど良くないので観測に限界はある。

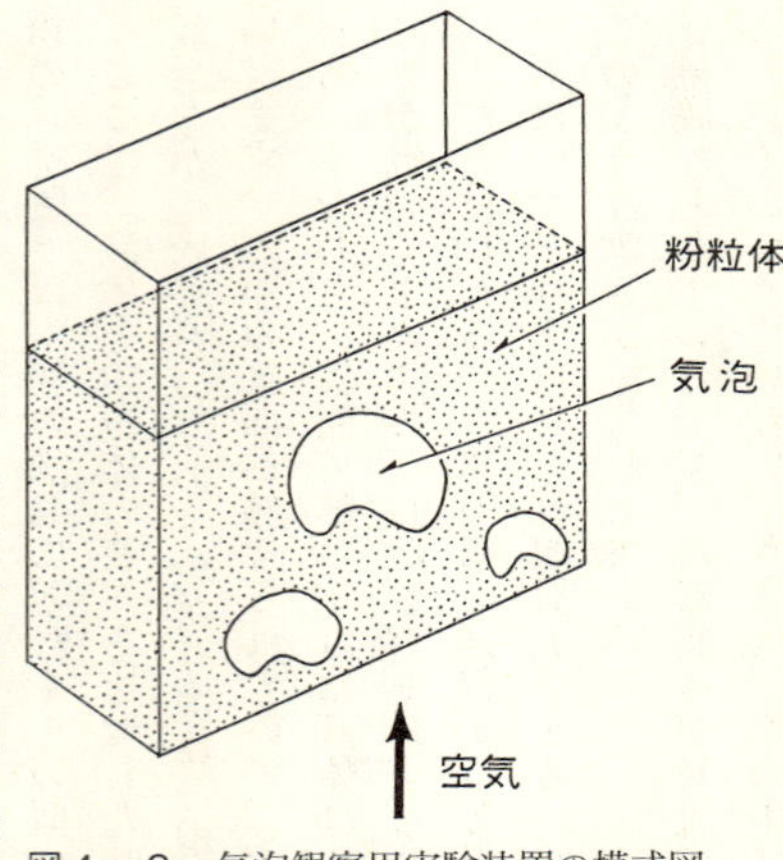

図４－２　気泡観察用実験装置の模式図。

工学的な応用では円筒状の容器内での気泡の挙動が大事であるが、物理的な興味からすると、まず、平たい、奥行きのない、二次元的な容器で泡を発生させ、外から見えるようにするのも一つの手である。気泡の形は、通常の液体の中に気体を吹き込んで気泡を発生させて自由に浮かび上がらせた場合の形と酷似している。基本は円形であるが、気泡の下部は内側に少しへこんで上に盛り上がっている（図4－2）。

何だか、当たり前のことのように思えるが、良く考えるとこれは大変に不思議なことである。液体の中に泡ができるとこれは必ず球になる（この実験で用いられているような、平たい容器では円）。これにはちゃんとした理由がある。一般に気体は気体同士で、液体は液体同士で集まりたがる傾向がある。気体が気体同士で、液体が液体同士で集まりたがるのは、液体と気体が接するとエネルギーを損するからである。このエネルギーの損は接している面積、つまり、泡の表面積に比例する。液体の中に空気を入れて泡を作らせると、泡は一ヵ所にまとまって液体との接触面積をなるべく小さくしようとする。

一定の体積のものがある時、表面積が最小になる形は球であることがわかっている。たとえば、同じ体積を持つ球と立方体の場合の、体積と表面積の比を比べてみよう。立方体の一つの面の面積は一辺の長さの二乗である。面は六面あるから、表面積は全部でその六倍である。体積は辺の長さの三乗だから

（表面積）／（体積）＝６／（一辺の長さ）

となる。これをさらに体積で表すと、一辺の長さは体積の三分の一乗（立方根）であるから、

と、

$$（表面積）／（体積）＝6／（体積）^{1/3}$$

となる。同じ計算を球に対して行なう。球の表面積と体積の比は球の半径がRであるとすると、

$$（表面積）／（体積）＝（4\pi R^2）／（4\pi R^3/3）=3/R$$

である。これを体積で表すと、球の半径Rは（3/4π 体積）の立方根であるから、

$$（表面積）／（体積）＝3/（3/4\pi体積）^{1/3} \simeq 4.84/（体積）^{1/3}$$

である。だから、同じ体積なら球の表面積は立方体の表面積の五分の四程度になることがわかる。

液体と気体が接した時のエネルギーの損（表面張力）は温度の関数であり、その関数形までわかっている。エネルギーの損は、絶対温度、固体が融ける温度、気体と液体の区別がなくなる温度（前述のように、空気はいくら圧縮しても通常の気温では液体にならない。これが生じるための最低の温度が存在する）、融ける寸前の固体の体積、などがわかれば計算できる。粉粒体の液体ではどうなっているか？　フルカワとオオマエは気泡の球形からのズレを測ることにより見かけ上の「エネルギーの損」を計測し、気体の速度などとの関数関係を

調べたが、その時、次のような対応関係が成り立っていることがわかった。

絶対温度＝気体の速度
固体が融ける温度＝粉粒体が「融ける」時の空気の速度 u_{mf}
気体と液体の区別がなくなる温度＝粉粒体液体が存在できる空気の速度の最大値
融ける寸前の固体の体積＝粉粒体が「融ける」寸前の粉粒体の体積 V_{mf}

ただし、「粉粒体液体が存在できる空気の速度の最大値」とは前述の「一粒の粒子に働く重力と空気の抵抗力がバランスする」時の空気の速度である。これ以上の空気の速度では、粉粒体は吹き上げられて容器から飛び出てしまうので粉粒体液体は存在できないから、これが、普通の気体が液体にならなくなる温度と対応するというのはもっともらしい。したがって、見かけ上「エネルギーの損」は確かに存在し、粉粒体の液体中の気泡が丸くなるのが妥当であることがうなずける。

気泡の生成は、本当に「流体の中に粉粒体がある」というだけでできるだろうか？　実験装置の性質（たとえば、空気の流れ方の偏りとか）で起きている可能性もある。この点を確認するには数値計算をするのが手っ取り早い。数値計算では、実験と異なり、条件を完全に制御することができるので、実験装置の不備などによって気泡ができる可能性を排除でき

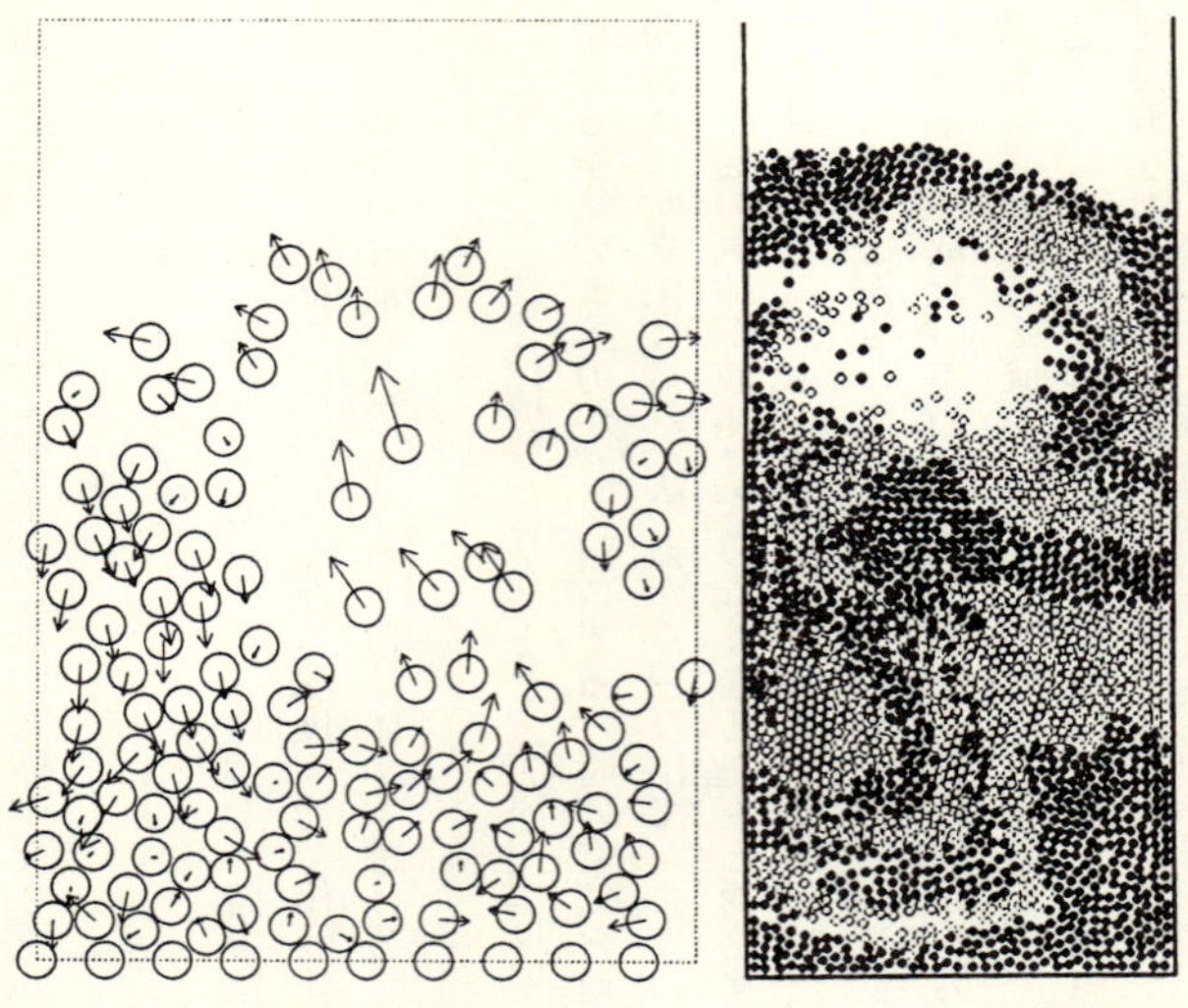

図４－３　気泡の生成の数値計算２種類（右：大阪大学工学部辻裕、田中敏嗣両氏提供。左：京都大学理学部早川尚男、市來健吾両氏提供）。

る。数値計算で気泡ができれば、これは実際に「流体の中の粉粒体」が持っている本質的な性質と言える。

数値計算の第一の方法は、第三章で紹介したような球で粉粒体粒子を近似して扱うやり方である。粒子が衝突する時、衝突の前後で速度が遅くなるという効果と、摩擦で速度が遅くなるという効果を取り入れる。さらに、今度は空気の流れが存在するので、空気から抵抗力を受けるという効果を考慮する。これは、前に述べた一粒の粉粒体粒子が流れる流体中に置かれた時に受ける抵抗力の式を用いる（一一五ページ）。このような計算の結果、得られた図を示す（図4－3）。このような計算でも気泡が生じる様子が再現できることから、気泡の生成は確かに、粉粒体が流れの中に置かれただけで生じてくる現象であり、装置の特性によっているわけではないことがわかる。さらに、より厳密に近い計算（気体の従う方程式を粒子表面での境界条件をより正確に考慮して計算する）を行なっても、同じように気泡が生じる様子が再現できるのである。

最後に、気泡の運動について見てみよう。見かけ上気泡が上昇しているように見えても、実際には気泡の運動ではないかも知れない。「気泡」と呼ぶためには運動の様子も流体中の気泡の運動と同じでなくてはならない。気泡は基本的には大気中を上昇する気球と同じで、浮力で上昇する。しかし、上昇すれば周囲の大気との間に速度差が生じ、空気から抵抗力を受けるので、浮力と抵抗力がつりあうような速度で上昇する。

液体中であれば半径Rの球状の気泡の上昇速度Uは

$$U \propto \sqrt{R}$$

であることが知られている。この式が粉粒体液体中の気泡の運動の場合に成り立つかどうか調べてみよう。気泡の運動は壁に影響されてしまうので二次元の装置はよくない。円筒状の容器を用いて、その中を上昇する気泡をX線で観測することにする。実際に観測してみると、粉粒体の液体中にできる気泡についてもこの式がかなり良く成立する。したがって、粉粒体液体中の気泡も、「浮力」によって上昇する気体の泡と見なすことができるとわかった。

このように見てくると、粉粒体に空気を吹き込んだ場合に見られることは、固体が融けて液体となりさらに沸騰する過程に酷似していることがわかった。したがって、粉粒体は固体・液体・気体の三状態を持つと言えるだろう。ただし、どんなに似ていてもそれはしょせんは見かけ上の類似に過ぎないのである。

沸騰の先にあるもの——雨が降る時

空気の速度がさらに速くなり、個々の粉粒体粒子に空気の流れから働く上昇力が重力を超えてしまったとしよう。そうすると、粉粒体の液体は全部「蒸発」してしまう。すなわち、粉粒体が容器から飛ばされて全部出ていってしまう。したがって、残念ながら、粉粒体の気体状態を研究するわけにはいかない。蓋をすれば出ていかないかも知れないが、蓋をすると、空気流に下から押し上げられ、蓋から上で押えられて圧縮されてしまい、「液体」に戻ってしまうのである。

しかし、ここで、ちょっと発想を変えて、空気だけでなく、粉粒体粒子も容器の底から供給しつづけることにしてはどうだろうか。これなら、容器から飛んで出ていってしまう分だけ底から供給できるから、容器の中にはいつも一定量の粉粒体粒子が存在するように調整で

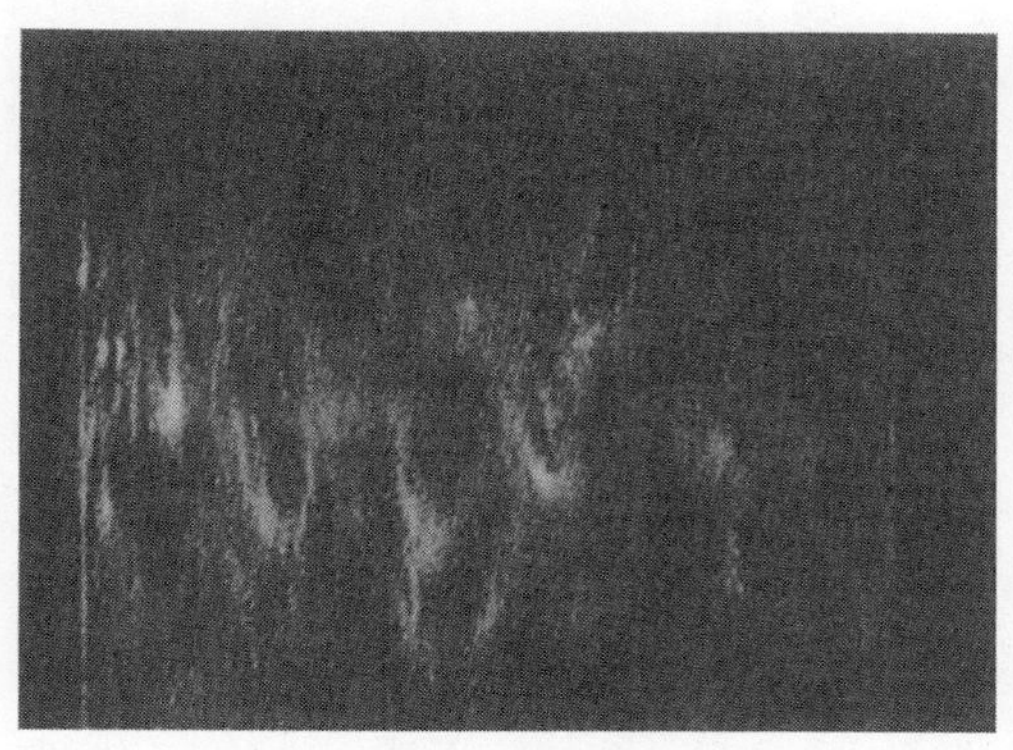

図４－４　「蒸発」状態で無理矢理粒子密度を増大させた時の状態（東京農工大学工学部堀尾正靭氏提供。M. Horio and H. Kuroki, *Chem. Eng. Sci.*, 49 (1994) p. 2413）。

きる（実際には次々と入れ替わっているのだが）。現実の粉体工学などで用いられる装置では、容器から飛び出した粉粒体を回収して容器の底から入れ直すようにする。こうすれば、新しい粉粒体を足すこともない。このようにすれば、ちょっと感じは違ってしまうが、一応、粉粒体の気体のようなものが作れる。

この粉粒体の気体状態では、粉粒体粒子はほとんど衝突することはない。上方に向かって流れる空気流の中に浮かぶ塵のようなものを想像すればいいと思う。個々の粒子は空気流からの上昇力で上方に押し上げられ、一方、空気流のほうは粉粒体の粒子を押し上げるためにエネルギーを使わないといけないので少し速度が遅くなる。そこではもはや粉粒体粒子同士の相互作用はほとんどないので、粉粒体らしい特別な振舞いが見られることはないようである。

だが、ここで、空気の速度は粉粒体液体が「蒸発」するほど速くしておきながら、空気流に加える粉粒体の量を無理矢理増やして粉粒体の密度を上げ、衝突の頻度が大きくなるようにする。すると、再び、粉粒体らしい振舞いが見られるようになる。この様子は長い間、観測が難しかったのであるが、堀尾らがレーザー・シートを用いた観測技術を確立して、ようやく可能になった（図4－4）。

粉粒体は上方へ上がりつづけているのだが、衝突が起きるようになると雲のような固まりを作るようになる。今までも何度か述べてきたように、粉粒体の粒子は衝突すると速度が失われる性質を持っている。このため、衝突するとそこだけ速度が遅くなり、固まりを作る。固まりができるとそこには他の粒子がぶつかりやすくなるので、ますます雲ができやすくなる。雲が大きくなると、空気はその雲を通り抜けるより避けて通るほうが通りやすくなってしまう。こうなると、雲、といっても雲自体が一つの大きな粒子のように重くなって、空気の流れが及ぼす上昇力では支え切れなくなり、下に向かって落ちはじめる。

下に向かって落ちはじめると、下から吹き上げてくる粉粒体が次々と衝突して雲を太らせるのでますます重くなり、どんどん落ちていく。ちょうど、水蒸気が雲になり雨になって降り注ぐのに対応する。大気中で雨が降るのは大気中に余分な水分が含まれ過ぎているからである。粉粒体の気体で「雨」を降らせるためにも、粉粒体の「気体」の中に無理矢理、粉粒体を足してやって、余分な粉粒体を空気の中に入れてやらなくてはいけなかった。だから、良く似ていると言えよう。

この様子はやはり、数値計算で再現することができる（図4－5）。今までの粉粒体の数値計算では、粉粒体を表現する「球」あるいは「円」があって、その衝突が主に考えるべきことであった。そして、この章で扱ったように空気を吹き込んだりする時には空気の運動を計算してその影響を考慮するやり方だった。だが、今のように粒子が希薄な場合は、衝突は

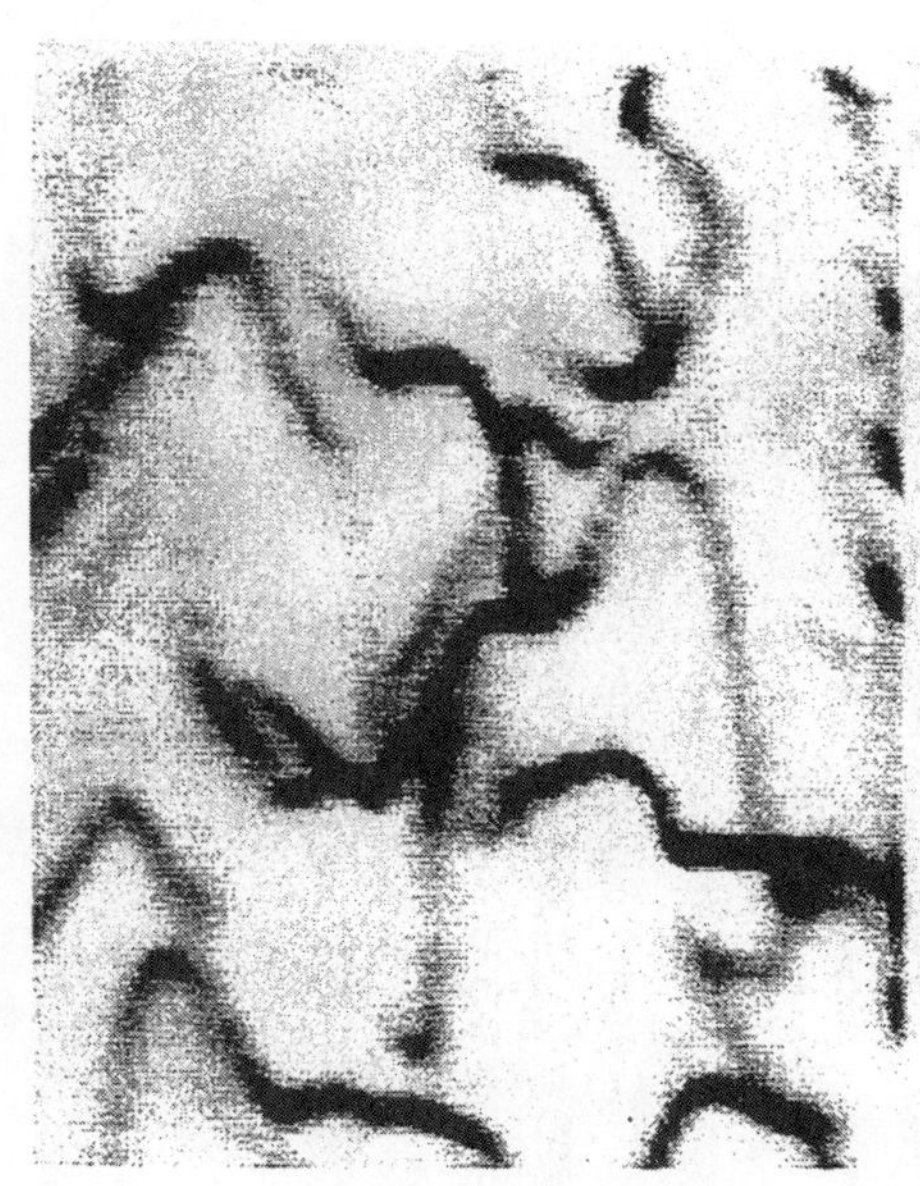

図4－5　気体状態の粉粒体中における「雲」の形成（数値計算：大阪大学工学部辻裕、田中敏嗣両氏提供）。

たまにしか起きず、粉粒体の粒子の運動は空気から受ける力でほとんど決定される。このような場合には、粉粒体粒子同士の衝突は正確に考慮することなく、確率的に衝突するとしたほうが計算が効率的である。

粒子の衝突の確率は速度に比例すると考える。速度の速いものほど一定の時間内に長い距離を移動するから、他の粒子との衝突確率が大きくなるからである。そこで、たとえ場所が離れていても粒子間の速度差に比例して衝突が確率的に起きるようにする。衝突の前後の速度の変化はいつもと同じように非弾性衝突と摩擦で速度差が小さくなる、という変化であるとする。このような衝突規則を持つ粒子の集団が空気の流れの中を流される、という数値計算をすると、見事に、雲ができて下に向かって落ちはじめるのが再現できる。だから、粉粒体が流体に流されて動く、ということと、粒子同士が衝突して速度が遅くなる、ということだけで粉粒体に雲が生じてくるのだということがわかる。

雲は、必ず生じる。最初、粉粒体粒子の空気の中での散らばり方が完全に一様であったとしても、目に見えないほどのわずかな乱れがあれば、その揺らぎが成長して大きな雲になるのである。物理学は今のところ、雲がどのようにしてできて、なぜ、あのような形になるのかを解明するには至っていない。しかし、いずれ、粉粒体気体の中にできる雲と現実の雲とがどのように似ていて、またどのように異なっているかを知ることができる日がやってくることだろう。

第五章　ゆすられる

一八三一年、今から一九〇年ほど前に、一人の有名な実験物理学者が粉粒体について論文を書いた。僕の知る限り、粉粒体について物理学者が行なった最初の研究である。一八三一年といえば、ナヴィエが流体の運動方程式を導出したのとほぼ同時、近代物理学の始まりとされるニュートンの力学の完成からたった一世紀半である。粉粒体を物理学者が研究し始めたのはこれほどまでに古い。だが、その研究は長いこと顧みられることなく、物理学としての粉粒体の研究は長いこと停滞したままであった。この論文を書いた物理学者の名はファラデイ。電磁気学の創始者の一人であり、また、彼の執筆した科学啓蒙書『ロウソクの科学』は今も広く読まれている。ファラデイほどの偉大な物理学者に論文を書かせるほどの興味を抱かせた現象とは何だったのか。

対流する粉

ファラデイが興味を持った現象は「粉粒体を平たい板の上で振動させたらどうなるか」というものであった。振動させるといってもファラデイの時代には精密な実験機械などないから、バイオリンの弓で板の縁をこすったり、板の下から音叉を当てたりして、振動を起こさせている（「指を使った」とさえ書かれている）。そして、音叉や弓の出す音の高低や強弱で振動の強さを読者に伝えようとしている。そこで、彼は様々なことを発見するのであるが、その中でも特別な章を設けて詳しく論じている現象がある。「振動によって生じる粉粒体の小山」である。

その実験について述べたところを少し訳してみよう（マイケル・ファラデイ『フィロソフィカル・トランザクション・オブ・ザ・ロイヤル・ソサエティ・オブ・ロンドン』一八三一年、第五二巻、三〇八ページ）。

「一枚の製図紙（?）を枠にピンと張り、三フィート×二フィート（一フィートは三〇・四八センチ。今ではアメリカなどでしか用いられないフィートという単位が、しかも、科学の文献で用いられている）の大きさの弾性体膜を作る。これを水平におき、上からスプーン一杯のリコポディウム（ヒカゲノカズラ類の胞子。非常に燃えやすいので花火の製造に用いる。昔は舞台でこれを燃やして稲光の効果を出したらしい）をその上に落とし、下から指で強く叩くと、振動の中心に粒子が集合し、（できた）小山が動き回るのが、かなり広範囲の領域で観測される」（括弧内は筆者の訳注）。

なんだか科学論文らしくないが、当時はこんなものだったのかも知れない。これなら、家でもちょっとやれそうである。ファラデイは後のほうでこの現象を詳しく観察し、できた山

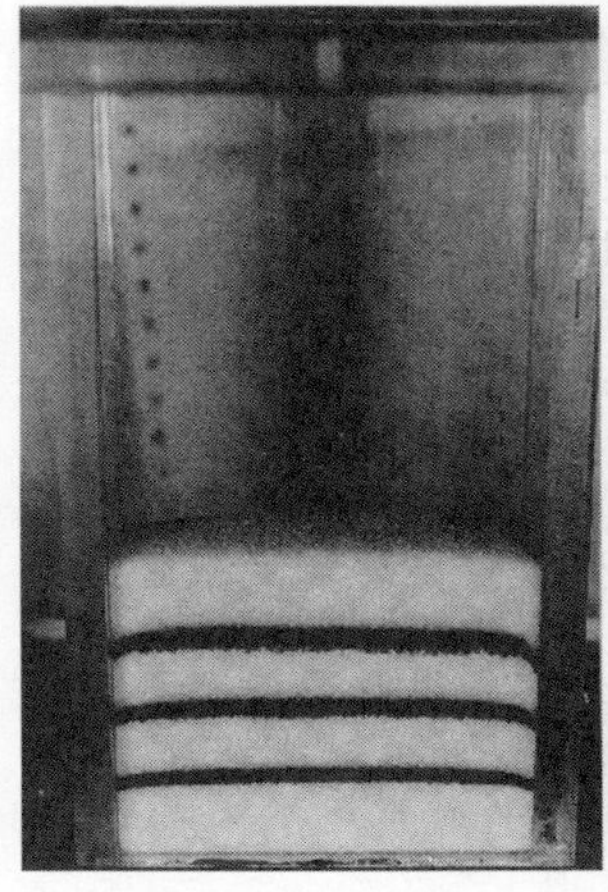
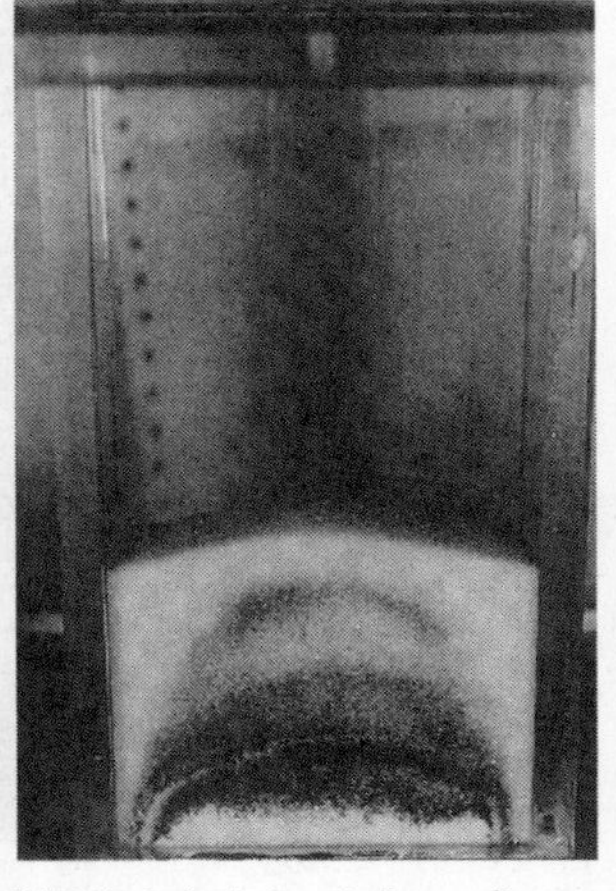

図５－１　粉粒体の対流の実験。対流がわかりやすいように、色のついたガラス玉を混ぜてある（静岡大学工学部秋山鐵夫、青木圭子両氏提供）。

の頂上から粒子が溢れだし、山裾を転がり落ち、麓で再び、内部にもぐり込んでいくのに気づいている。小山はできた後、じっとしているわけではなく、中で粒子がぐるぐると対流しているのである。

ファラデイの実験から一六〇年ほどたった一九八九年、物理学者がこの現象に再び興味を持ち、現代風の実験を行なった。まず、底の浅い平たい容器を用意し、直径が一ミリ以下程度の粒形のそろったガラス玉を敷き詰める。この容器を上下に激しく振動させるのだが、手ではなくて、スピーカーを用いる。振動がある程度以上強くなると、粉粒体の中心が突然、盛り上がりはじめて、大きく盛り上がった山を作る。山の高さはある程度高くなったところで上昇が止まり、その高さを維持する。さらに、できた山の頂からは粉粒体が溢れだし、山裾を転がり落ちる。山の大きさが一定であることから、転がり落ちた粒子は容器の壁際で再び内部にもぐり込み、ぐるっと一回りして、また、山頂からこぼれ出してくるという対流を引き起こしているように見える（図5－1）。

ファラデイは山ができることに注目したが、実際には山ができることは本質的ではなく、対流のほうが本質的だということが後の実験でわかってくる。たとえば、底の浅い容器ではなく、わりと深い容器に粉粒体をいっぱい詰めて強い振動を加えると、表面の盛り上がりなしに対流だけ起きることがわかった。では、粉粒体を振動させただけで対流が起きてくるのはなんでだろうか。これは、普通の流体の対流と同じ機構で説明できる現象なのだろうか？

流体における対流

対流とはそもそも、どういう時に起きる現象であっただろうか。第四章でも少し説明したが、対流は容器に入った流体を下から熱した時に生じてくる流体の運動である。たとえば、鍋に水を入れてガスコンロにかける。水がある程度熱せられてお湯になってくると、そのうち対流が始まる。あるいは、コップに注がれたコーヒーやお椀によそわれた味噌汁の中などにも見ることができる。このように対流は日常的に我々が目にしている身近な現象であり、流体の基本的な運動である。ちょっと意外かも知れないが、物理学はこのような基本的な現象である対流現象について、まだ完全には理解できていない。だから、粉粒体の対流現象と比べるといってもそれなりに限界はあるのだが、ともかく、わかっていることの範囲で考えてみよう。

対流はなぜ起きるか。まず、容器には下から熱が加えられつづけているのが大切である。加えられた熱はどこかに逃げていかなくてはならない。エネルギー保存則というものがある以上、容器から加えられた熱が容器の中にたまっていくばかりでどこにも逃げていかなかったら、最後には「爆発」してしまうだろう。そうなる前に、エネルギーは普通は容器から出ていく。一番効率的なエネルギーの逃がし方は温度の低い流体の表面から熱を放出することである。だから、容器の下から熱を加えればその熱は流体の中を伝わっていき、最後に容器の表面に到達して、温度の低い大気中へ逃げていく。

この場合の熱の運ばれ方は「伝導」で、もっとも一般的な熱の伝わり方である。伝導に関する限り、流体の入った容器を置こうが、鉄の固まりを置こうが同じである。鉄製の火箸の一端を手に持って、別の端を火にかざして待っていると、そのうち、箸が熱くなって持てなくなる。これが伝導である。さて、火の勢いをさらに強くするとどうなるか？　容器の底から熱の形で注入されるエネルギーは、ますます増える。だから、表面から放出される熱もますます増えなくてはいけないのだが、この伝導というのは第三章でちょっと説明した「拡散」と同じで、ものすごく遅くて効率が悪いのである。

熱とは、目には見えないけれど流体を構成している個々の分子の運動である。温度が高くなると、分子の運動も激しくなる。そうすると、周囲の分子とぶつかるので、ぶつかられた周囲の分子の運動が激しくなる。熱の伝導とはこのようなやり方で熱を順々に伝えていく、とてもまどろっこしくて時間のかかるバケツリレーのようなものであり、熱を伝える速度がとても遅い。普通のバケツリレーならまだしも、個々の分子はどちらからどちらへ熱を運ぶべきか全然知らないので、自分の周囲の分子に無差別に「バケツ」を渡してしまう。その結果、どうなるだろうか。

大きな部屋があり、そこに一万人くらいの人がびっしりと詰め込まれているとしよう。この人たちに、一枚ずつカードを配るとしよう。配り方は、部屋の四方の壁のうち、ある一方の壁のそばにいる人にカードを渡して隣の人に順々に手渡ししてもらう。壁のそばの人はカードがどちらから配られているかわかりやすいが、壁からはなれると、もう、どちらからどちらへ回していいかわからない。そうすると、逆方向に渡す人もそのうち出てくる。そうなると、もう、どちらからカードが来たのかわからないから手渡しの方向はめちゃくちゃになり全員にカードが行き渡るまでものすごい時間がかかるだろう。これが伝導で熱を伝えるということである。人間は目があるから、まだしも、周囲の状況から方向を見定めることが多少はできるが、分子には目がないのでもっとひどいことになる。カード配りの作業を、暗闇の中か目隠しをしてやっていると思えば、そのひどさがわかるだろう。

さて、このような伝導で熱を運ぶのには限界がある。それにもかかわらず、容器に加える熱量がどんどん増大すると、バケツリレーでは我慢できなくなった粒子が自分で走っていって、流体の表面に熱を自ら運ぼうとするようになる。これが対流である。

加熱によって温められた容器内の流体は温度に応じて少し膨張する。一番、温度が高くてたくさん膨張するのは、直接熱せられている容器の底の部分である。このため、容器内の流体は下のほうが膨張して軽く、上のほうが冷たくて重い、という非常に不安定な状態にもともとある。しかし、流体には粘性という粘りけがあるのでちょっとくらい不安定でもこの安定は崩れない。加熱が大きくなり過ぎ、下のほうの膨張が大きくなり過ぎ、不安定さが大きくなって粘性の粘りけでは支えきれなくなると、下にあった軽くて熱い流体が冷たい表面に昇っていき、そこで直接熱を放出するようになるのである。だから、対流というのはいつでも起こることではなく、加えられる熱の量がある程度以上大きくなって初めて生じる現象である。

このように書くと、対流は馴染みの薄い現象のように思うかも知れないけれど、その辺で吹いている風というものは皆、基本的には対流なのである。「対流というのは上下の運動ではないのか。風は水平に吹いている」と思うかも知れないが、空気は温められて上昇するところもあるが、冷やされて降りてくるところもある。昇るところと降りるところがあればそれらが隣りあってでもいない限り、横方向に空気が運動しないと、降りてきた空気と昇っていく空気がつながらない。この、「つないでいる部分」の水平に空気が流れているところが我々の感じる「風」である。天気予報などで良く言っている「低気圧」というのは風が流れ込んで上昇しているところであり、「高気圧」はその逆に降りてきた空気が吹き出すところである。雲は上昇気流があるところに発生するから、「低気圧」のあるところは曇っていて天気が悪いのである。このように、対流は我々の生活と密接に結び付いた大切な現象なのである。

粉粒体の対流とは？

流体を熱すると、温度があまり高くない時は伝導でエネルギーが運ばれ、温度が高くなると対流が生じて流体の中に流れが起きた。粉粒体の「対流」の場合はどうなっているのだろうか。

まず大事なのは、例によって「温度」に相当するものを探すことである。粉粒体を振動させて対流を生じさせるには、振動の強さをある程度大きくする必要があった。この「ある程度」をどうやって測るかわかれば、粉粒体を振動させる時の「温度」がなんであるか知ることができる。これはエヴェスクとラジェンバックが実験的に明らかにした。これは容器の振動が粉粒体に与える加速度の大きさであった。

粉粒体の振動の強さは、振動の振幅と振動の速さ（周期）で決まる。加速度、と言った場合には

（加速度）＝（振幅）×（周期）$^{-2}$

で与えられる。振幅とは、振動で生じる変位の最大値である。これを周期で割れば、だいたい、振動の平均的な速度を知ることができる。加速度とは速度がどのように変化するかを表すのだから、得られた速度をもう一度周期で割ればだいたいの加速度を知ることができる。これが、この式の意味である。

この加速度の大きさの最大値が重力加速度の一・二倍くらいになった時、対流が始まることがわかった。最大加速度さえ一定なら、振幅と周期の組合せはどのような組合せであってもいい。振動の最大加速度がこの値以下では対流は起こらなかった。したがって、流体を対流させる時の温度、に相当するものは振動の加速度の最大値であり、「温度がある程度高くならないと対流が始まらない」のと同じように、粉体を振動させた場合でも「振動の加速度の最大値がある程度大きくならないと対流は始まらない」ということが成立する。そういう意味では流体の対流と粉粒体の対流は似ていると言えよう。

だが、最初の印象とは裏腹に、詳しく調べていくと粉粒体の対流は流体の対流とはいろいろな意味で異なっていることがわかってくる。こういう詳しい解析には例によって数値計算

が適当である。やり方は、第三章や第四章でお馴染みの、衝突したら非弾性衝突と摩擦で速度が小さくなるモデルを使う。また、計算はいつものように平面内の運動だけに着目するので粉粒体の粒子は円で表現される。この円形の粒子を計算機の中で「容器」に入れて上下に振動させる。そうすると、確かに対流が生じるのが観測された。また、対流は振動の加速度の最大値が重力加速度を超えて初めて、始まることがわかった。したがって、数値計算は実験をだいたい再現していると期待することができる。

流体の対流では温度が高くない時は熱は伝導で伝わったのであった。粉粒体の対流で、温度にあたる振動の加速度の最大値が対流が起きるほど大きくない時、伝導に相当する現象が粉粒体でも起きているだろうか？　数値計算で、一つ一つの粒子の速度を良く調べてみると、伝導のような現象は全く起きていないことがわかった。

容器の底が粉粒体を叩くと粉粒体にエネルギーが与えられる。ここまでは、熱の形で流体にエネルギーが与えられる流体の対流と良く似ている。しかし、エネルギーを表面に伝える仕組みは全く異なる。流体ではバケツリレー的な伝導で熱を伝えたが、粉粒体を叩いた場合にはエネルギーは伝導では伝わらず、音波として伝わるのである。音波というとわかりにくいが、要するに、音である。我々が耳で聞いている音と同じである。糸電話の例を待つまでもなく、音は空気中だけでなく固体や流体の中も伝わることができる。粉粒体を叩くと音が発生し、表面まで走り抜ける。音は、もともと、物質を構成する原子／分子の振動という運動であるから、エネルギーを持っている。したがって、音が伝わればエネルギーも伝わる。エネルギーがこういう伝わり方をするというのは良く考えるとかなり自然なことである。ふすまの敷居の溝にビー玉かパチンコ玉をくっつけて並べておく。これに、玉を転がしてぶつけてやると、動き出すのは玉がぶつかったのとは反対側の玉である。玉の列は叩かれると音を発生させ、音速で列の反対側にエネルギーを伝え、エネルギーを最後に受けとった反対側の玉が動き出した、というわけだ。固体中の音速は一キロメートル毎秒くらいだから、肉眼では一瞬にして伝わったようにしか見えない。

音速は速い。伝導のようにダラダラとエネルギーを伝えたりしない。だから、「伝導では伝えられないほどたくさんの熱が加えられて対流が始まる」という流体の対流での説明は、絶対、成り立たない。だから、粉粒体の対流は流体の対流とは似て非なるもの、ということになる。

実際、流体の対流では容器の下のほうの流体が熱せられて軽くなって上昇するという力が働くが、粉粒体の振動による対流では「浮力」などというものはなさそうである。粒子がくるくる回らないといけないという必然性はどこにもないのである。それにもかかわらず、見た目は「対流」とそっくりである。これを「対流」と名づけていいのかどうか、かなり悩ませるものがある。

下から熱して上から融ける

ちょっと、見方を変えてみると、これもまたお馴染みの「融ける」粉粒体の話であることに気づく。第一章では重力で流すことにより、第四章では空気を吹き込むことにより、粉粒体を「融かし」た。対流するからにはこれは融けていると言ってもいいだろう。振動は粉粒体を融かす第三の方法と言ってよい。しかし、普通に固体を、たとえば氷をフライパンの上に載せて融かした場合と大きな違いがある。粉粒体は上から融けてくるのである。

ラジェンバックらはこの上から融ける様子を定量的に実験で調べた。試験管のような細長い容器にロート状の器具をさす。ロートの下端は容器の底面より上になるようにしておき、ロートの上から粉粒体を入れていく。すると、容器の中には粉粒体はロートの下端まで入って、後は入らない。次に、これを振動させる。すると、容器の中の粉粒体が「融けて」、流体のようになり、ロートの下端より上の高さまで容器の中に粉粒体が流れ込む。しかし、容器いっぱいに流れ込むわけではなく、ロートの下端よりある高さだけ流れ込む。この流れ込んだ粉粒体の高さと、ロートの下端との高さの差の分だけ、粉粒体固体は「融けた」と見なすことができる（図5－2）。この融ける部分の高さは、振動の加速度の最大値を大きくしていくにしたがって増大する。つまり、振動が強ければ、いっぱい融けるのである。また、融けはじめる振動の強さは、対流が始まる振動の強さとほとんど一致していた。

ここで、フライパンの上で固体を融かす時とのもう一つの違いに気づく。フライパンの上に固体を載せて熱しつづければどんどん融けてしまうが、粉粒体はそんなことはなく、ある体積しか融けない。このことから考えても、「粉粒体を振動させる」という作業は「流体を下から熱する」という作業とはかなり異なることがわかろう。

むしろこの状況は、普通の物質における固体と液体の共存に相当する振舞いである。ちょうど零度の水に氷を入れると水と氷は共存する。粉粒体を振動させた時に生じる状態はこれと良く似た状態で、粉粒体の「固体」と「液体」の共存状態と思ったほうが理解がしやすい。

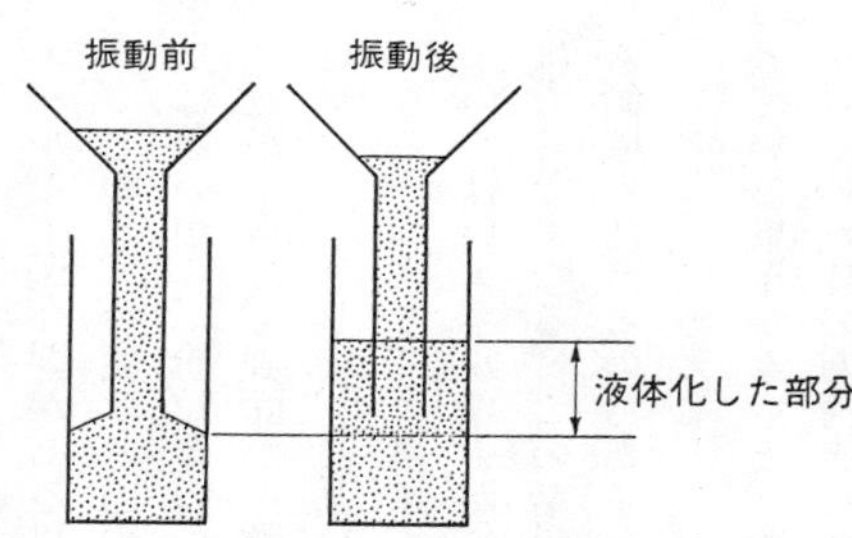

図５－２　振動によって粉粒体を「融かす」実験。

そうすると「振動の強さ」とは一体なんだろうか。対流が起きる、ということから見ると熱を与えているのに相当するように見える。しかし、固体と液体の共存という観点からすると、一定の温度で保つようにしていることに相当しているように見える。一体、どちらが正しい理解の仕方だろうか？

もう一度、どうして粉粒体が「融ける」のか良く考えてみよう。粉粒体は容器の底に叩かれつづけているからエネルギーの注入がある。粉粒体に与えられたエネルギーはどこかで消費されねばならない。そうでなければ、エネルギー保存則がある以上、エネルギーがたまり過ぎて粉粒体は「爆発」してしまうだろう。しかし、今度は普通の流体を下から熱している時と違って、表面で冷やされているわけではないから、粉粒体の中に注入されたエネルギーは表面まで到達しても行き場がない。だが、もし、表面が「融けて」いればどうであろうか。融けていれば粉粒体の粒子は自由に動ける。そして、お互いに激しくぶつかり合う。粉粒体同士はぶつかり合えば速度が小さくなる、つまり、エネルギーが失われる。エネルギーの注入がたくさんであれば、バランス上いっぱいエネルギーが失われねばならない。そのためには、融けている領域が広くなくてはならなくなる。この結果、振動が強くなって入ってくるエネルギーが多くなれば融けている領域も増えるのである。

このように考えると、対流が起きる必要は全くなさそうに思えてくる。実際、粉粒体の入っている横壁がないと、実験でも数値計算でも対流はなくなってしまうことがわかった。だから、粉粒体の対流を流体の対流と関係づけるのは、多分、正しくない。見かけがどんなに似ていても。

粉粒体の液体状態その二——重くても浮き上がる?

空気を吹き込んで作った粉粒体の液体状態は現実の液体ととても良く似ていた。では、振動で作った液体状態はどうだろうか? 現実の液体と似ているだろうか? たとえば、重い物を入れたら沈むだろうか？

　振動で融けている粉粒体の上に、素材は粉粒体の粒子と同じで大きさがやや大きい粒子を置いてみよう。驚いたことに全然沈まないことがわかる。多少は沈むかも知れないが、底まで沈んでいったりはしない。粒子の材質を重いものに変えても、多少重くなったくらいでは、粒子の大きさが十分大きければ、少なくとも底まで沈んでしまうということはない。あるいは、粉粒体の底のほうに最初から大きい粒子を埋めておこう。粉粒体が振動で融けるにしたがって、重いはずのこの粒子は浮かび上がってくるはずである。大きいものが上に来る、という第二章や第三章でお馴染みの現象がここでも見られる。

　こういう現象を詳しく見てみるにはまた数値計算をしてみるのが手っ取り早い。数値計算のやり方はいつもと同じで、衝突で速度差が減るという形で粉粒体の衝突の特徴を採り入れる。これを、重力のかかった状態で上下に振ってやる。前述のように、容器に横壁がなければ対流は起きない。対流があると話がややこしくなるので、横壁がない状態で、テストしてみよう。数値計算だから、粒子の大きさの比や重さの比をいろいろ調べられる。その結果、数値計算でも、あまり重くさえなければ大きいものはやはり上に上がってくることがわかった（ただし、表面まで浮いてくるわけではない）。

　同じ粉粒体でできた液体でも、空気を吹き込んでできた液体状態に比べると随分と挙動が奇異である。空気を吹き込んで液体を作った場合には通常の液体に非常に良く似ていたが、振動させて作った粉粒体液体はどうも普通の液体とはかなり違うように思われる。

振動で大きい粒子が上に昇っていく様子をもう少し実験で詳しく見てみよう。大きい粒子が上に上がる、という効果を強調するには、タッピングという特別な振動のさせ方をするといい。タッピングでは、一回叩いたらしばらく休み、また一回叩いたらしばらく休む、というやり方をする。これは食卓塩の小瓶の中に入れられた湿気除去用の焼き米が、瓶をトントンと小刻みに叩くと塩の表面に上がってくる現象でお馴染みだと思う。この現象に最初に気づいた人が誰であるかということは、もちろん、記録に残っていない。おそらく、有史以前ではないか。それほど古くから知られている現象であるにもかかわらず、「どうして上に上がるのか?」についてはまだ、はっきりとは説明ができていない。

今のところ説が二つある。一つは、「大きい粒子が下に下がるには小さい粒子に比べて大きなすき間が必要なので下がりにくい」という、サヴェージが第三章で斜めに傾けた樋の上を流れる粉粒体混合物の分離の説明に用いた説である。粉粒体は下から叩かれると飛び上がって、粒子と粒子の間にすき間ができる。重力が働いているから、上がったものは落ちてこなくてはいけないが、その時、大きな粒子の下には当然、大きなすき間ができているだろう。そうすると、そこに小さな粒子が入ることができる。ところが、小さな粒子の下には小さなすき間しかできないだろうから、そこには大きな粒子は入れない。大きな粒子の下には小さな粒子が入り込めるのに、小さな粒子の下には大きな粒子が入り込めないとなると、相対的に大きな粒子は上に押し上げられてしまう。

実際、このような理由で大きな粒子が上に上がりうるのは確かである。これを確認する簡単な数値計算をすることができる。容器の中に粉粒体が詰まった状態をまず計算機の中に作り、次に、容器の中の粉粒体を容器から少し持ち上げて、容器と粉粒体の間にすき間を作る。そして、下のほうから粒子を一個ずつ落としていく。このような簡単なやり方で、大きな粒子の下に小さな粒子が転がり込んで大きな粒子が相対的に上に押し上げられる様が見られる。

もう一つの説は、対流のせいであるとする説である。粉粒体を振動させると対流が生じるのは前述の通りだが、対流の向きは壁ぎわで下向き、容器の中央で上向きであった。容器の中央にある粒子は大きさにかかわらず、対流に乗って上に向かって運ばれる。その結果、いつかは表面に到達する。ここで小さい粒子は壁ぎわの下向きの流れに乗って再び降りていくが、大きい粒子は壁に邪魔されてうまく下向きの流れに乗ることができない。その結果、大きい粒子だけが上に上がってきたように見かけ上見える、というものである。

どっちが正しいのか、今のところ決着はついていない。最新の実験を見る限りでは両方あるようである。粉粒体が十分融けていて対流が起きているようだと、後者の説明が正しく、あまり融けていなくて対流が発生していないようだと前者の説明が正しいようだ。今度、食卓塩の瓶を手にした時、どっちが正しいか自分で良く見てみるというのも一興だろう。

いずれにしろ、火星に人を送ろうという時代にこんなことさえはっきりとわからないのが物理学の現状ではある。実に不思議な話という他はない。

表面張力はあるか？——毛管現象

コップの中のジュースをストローで飲むことを考えよう。ストローで一口飲んだ後、ストローの水面のそばの部分を良く見てみると、ストローの中の液体がコップの水面より上に上がっていることに気づくだろう。これは毛管現象と呼ばれていて、古くから知られている現象である。毛管現象は読んで字のごとく、毛のように細い管の中で生じる現象である。この現象は第四章で説明した表面張力に関係している。

表面張力は要するに「異なったものが接触するとエネルギーを損する」ということに起因する力であった。体積を一定にして表面積を最小にする形が球であるので、気体と液体の接触面積を小さくするために泡は球形になるのであった。「異なったものが接する」といっても、AとBが接触する時と、BとCが接触する時はエネルギーの損の度合が違うかも知れない。もし、この二つの場合で、AとBが接触する時のエネルギーの損のほうが小さければ、BはCよりもAとくっつきたがるかも知れない。この効果の表れが「ストローの中の水面の上昇」である。

ストローと空気が接しているよりも、ストローとジュースが接しているほうがエネルギーの損が小さいので、ストローはエネルギーの損を小さくしようとして、ジュースを中に吸い上げる。しかし、吸い上げるとその分だけ、仕事をしないといけない（重力に逆らってものを動かすのだから）。そこで、接触するものが空気からジュースに変わって得をする分だけジュースを吸い上げることができる。これが毛管現象の仕組みである。

　空気を吹き込んで粉粒体を液体化する場合には表面張力のようなものが存在し、それゆえ、気泡が丸くなった。粉粒体を振動させて融かした場合にも表面張力のようなものが存在するだろうか。今の場合、気泡ができるわけではないからその手は使えない。そのかわり、このストローの原理を用いることができる。

　振動で融けている粉粒体にチューブを突っ込むと、確かにチューブの中を粉粒体が這い上がっていく。具体的な実験は、秋山によって行なわれた。粒子の平均直径が九九マイクロメートルから三三二マイクロメートルのガラス玉や同程度の大きさの砂を、直径が一五センチから二〇センチ程度の円筒に入れて、重力の

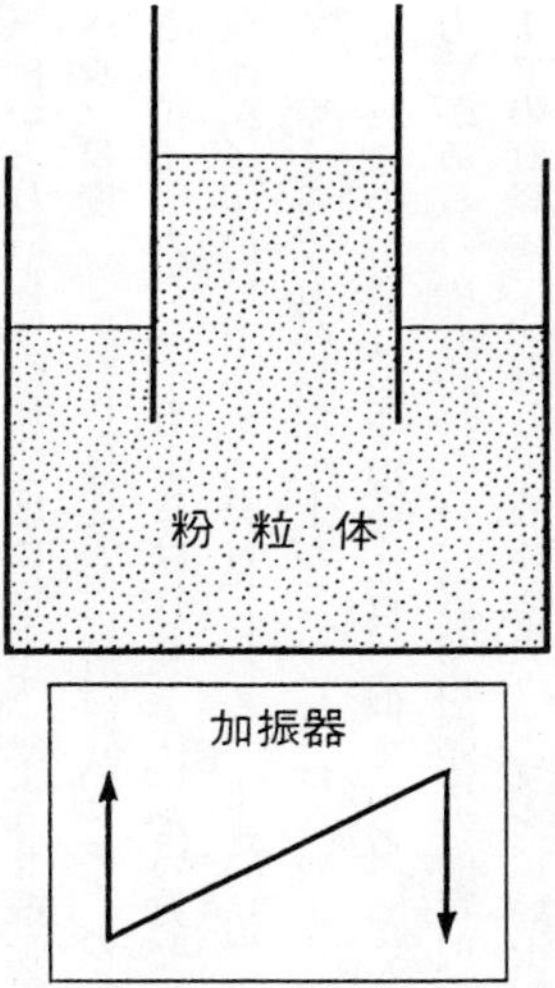

図５－３　粉粒体における毛管（？）現象（静岡大学工学部秋山鐵夫氏提供）。

三倍から八倍程度の加速度に相当するような振動で融かして液体化してやる（周波数は数十ヘルツ程度）。この粉粒体液体に直径八センチのチューブを挿入する。周波数や装置の大きさ、粒子の大きさにもよるけれど、だいたい数センチから一〇センチ程度チューブの中を粉粒体粒子が這い上がるのが見られる。また、這い上がる高さもある程度決まっているようで、いくらでも高く這い上がるわけではないようである（図5‐3）。

これらの特徴は毛管現象に良く似ている。だから、振動で融かした粉粒体にも「表面張力」があるのかも知れない。実際の液体の毛管現象は、チューブの太さが太くなると、チューブの直径に反比例して液体がチューブを這い上がる高さは減っていく。茨城大の西森らの実験では、どうも、管の太さが太いほうが粉粒体を良く吸い上げるようである。やっぱり、振動でできた粉粒体液体は一筋縄ではいかない。

砂の中の音

この本ではずっと、粉粒体の運動について、つまり、粉粒体の液体／気体状態について、書いてきた。だが実際には、粉粒体は、固体状態でもかなり普通の固体とは異なった振舞いをしめすのである。残念ながら、私にはそれについて網羅的に記すだけの知識はないけれど、ゆすられる、ということに関係して「音」についてちょっとだけ触れておこう。「音」は粉粒体を細かくゆすった時の運動だから。

「それでは結局、固体状態ではなくて運動の話ではないか」と思うかも知れないが、音、というのは固体の内部を調べる大事な手段、言わば、レーダーのようにして使われてきた。粉粒体の液体状態の実験は内部が見えないという条件のために観測が難しかった。液体、というのは多かれ少なかれ透明なものだから、「流れる」という性質を研究する実験手段は、対象が透明である、ということを前提にして考案されたものが多かったからである。

しかし、固体はもともと中が見えないのが普通だから固体内部を観測する実験は中が見えなくてもできるものが多い。その一つが、「音」である。地震というのは地面の振動だから、広い意味では音と呼べないこともないが、我々が見たこともない地球の内部構造についてある程度知っているのは、この地震波の地球内部での伝わり方の研究によるところが大きい。地震波のある成分が地球の真ん中を通過できないことがわかった時、この成分が通過できないのは液体であることが知られていたおかげで、我々は地球の真ん中が融けているのだろうと、想像できたのである。

融けているという極端な場合でなくても、音は固体の内部についてある程度情報を与えてくれる。固体の表面から音波を送り込む。もし、固体が傷のない完全なものであれば、反対側にそのまま音が到着する。しかし、普通の固体には内部に細かい傷がいっぱいあるから、音がそのような傷の箇所を通りかかると進路が曲げられてしまう。この方法で、レーダーのように固体の内部の傷を調べることができる。粉粒体はすき間だらけでそこらじゅう傷だらけのようなものだから、粉粒体の内部を音がどう伝わるかというのはけっこう大事な問題である。

粉粒体の中を音がどのように伝わるかについては昔からいろいろ議論があった。普通の物質は圧力に比例して膨張したり、収縮したりするが、粉粒体は圧力の三分の二乗に比例して変形する。粉粒体は、ぎっしり詰まっているように見えても、実際には粒子同士は点で接しているに過ぎない。したがって、粉粒体の固まりを圧縮するにはこの接している部分を変形するだけでいいので、最初はわずかな力ですむ。ところが、圧縮が進んでくると、粒子が押し潰されて接触が点から面になり、圧縮に必要な力が急速に増大する。このために、同じ圧力を加えても少ししか変形しなくなる。これが、粉粒体固体の変形が圧力に比例せず、圧力の三分の二乗程度でしか増えていかないことの理由である。

このような圧力に対する体積変化のため、粉粒体中の音速は圧力に比例しなくなり、圧力が増大しても音速はそれほど増大しない。音速cは圧力Pと

$$c \propto P^{\alpha}$$

という関係にあり、αの値としては四分の一とか六分の一とか言われていた。

さて、第一章で、粉粒体内部の圧力は深さによらないと述べたけれど、それは粉粒体の層が十分深い時である。粉粒体の内部で圧力が深さによらない理由は、内部にアーチ状の構造

が形成されて粉粒体層の重さを支えるからであった。アーチを形成できないほど粉粒体の層が薄く、また、壁からも遠くはなれている時はこの原理は成立しない。たとえば、横幅に比べて深さがずっと浅いような容器では、粉粒体内部の圧力は普通の流体と同じように深さに比例してしまう。音速が圧力によって変わるので、結局、音速は深さによって変わり、深いところほど音速が速くなってしまう。この結果、きわめておかしなことが起きてしまう。

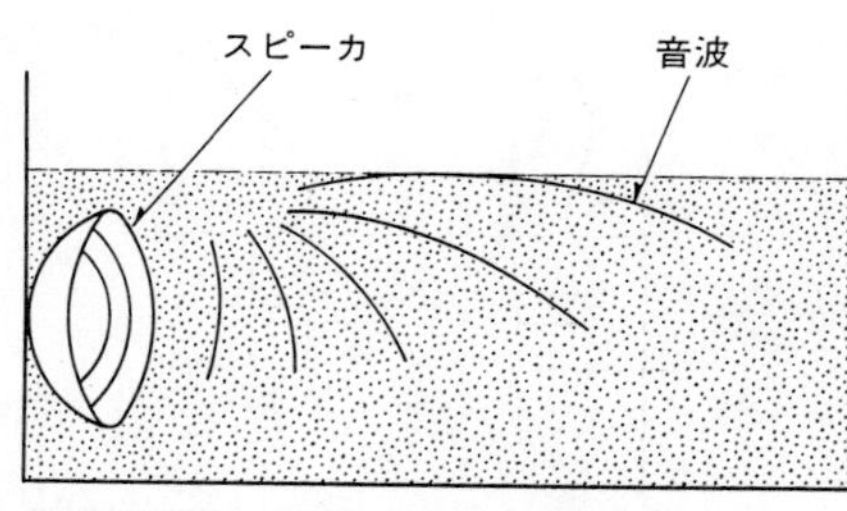

図５－４　粉粒体中の音の伝わり方（？）。

横幅に比べて深さが浅い、弁当箱のような容器に粉粒体を詰めて、弁当箱の横の壁を叩いて音を発生させたとしよう。深いところを通る音は速度が速い。表面のそばは速度が遅い。すると、最初は横壁に平行に音が発せられても、深いほうが先走りするので下が持ち上がっていってしまう。最後には音は全部、表面に上がってきてしまう（図５－４）。粉粒体でこのような極端なことが本当に起きるのだろうか？

この疑問に答えるため、リウとナーゲルは粉粒体内の音の伝わり方を実際に調べた。直径が五ミリのガラス玉を、一辺二八センチの正方形の水平断面を持つ箱に深さ八センチから一五センチの範囲で詰め込む。この中に振動板を埋め込み、数ヘルツの低周波を振動の最大加速度が重力加速度の〇・三五倍から一・五倍くらいになるようにして、発生させる異なる音の伝わり方であった。この結果、彼らが見つけたのは予想とは全然異なる音の伝わり方であった。（図5－5）。

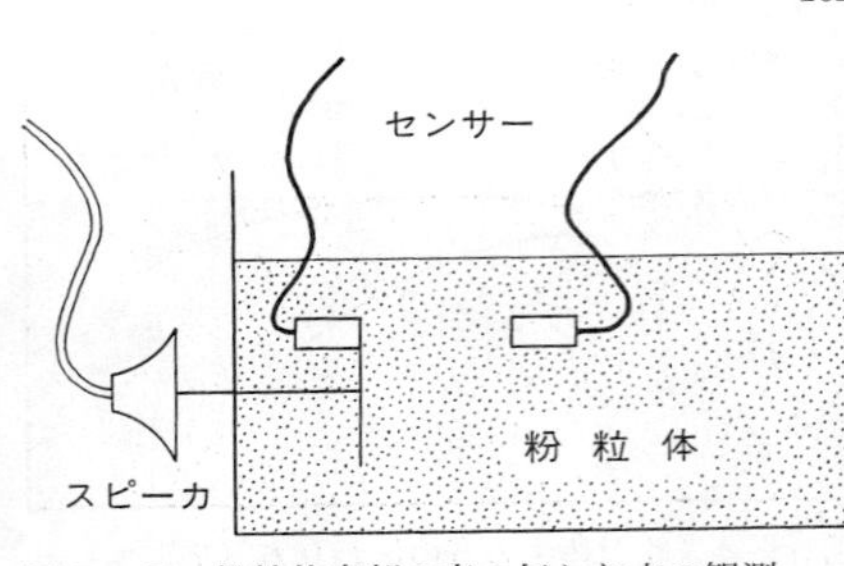

図5－5　粉粒体内部の音の伝わり方の観測。

粉粒体の粒子はすべての粒子がお互いに接しているわけではなく、隣りあっていても微妙に離れている場合が多い。ちょっとでも距離が離れていると、音はそこを飛び越えて伝わることはできないから、音は接している粒子同士の間を伝わっていくことになる。この経路は直線とは限らず、むしろ、複雑で曲がりくねった経路を進むことになる。リウらは、粒子の幾つかを小さなヒーターに置き換えて粉粒体内部で熱を発生させてみた。熱が発生すると、粉粒体粒子が膨張するので、粒子の接触状態が変化するはずである。この予想は見事に裏づけられ、粒子の直径に比べたら無視できるほどの熱膨張が、音の伝わり方を劇的に変えてしまった。一方で、もともと音の伝わる経路になっていないところの粒子をヒーターで置き換えても何も起きなかった。音がもともと伝わっていないところでは何が起きても関係ないのである。

結局、粉粒体の内部を音で見ることはできない。音がまっすぐ伝わらないからだ。もともとまっすぐ伝わらないものをレーダーの電波のように用いてものを見ようとしても無理である。我々がものを見ることができるのは光が直進してくれるからで、もし、光が複雑に曲がりながら進むのであれば、我々はものを見るということができないだろう。粉粒体の中に生物が住んでいるとしたら、これはかなり悲惨である。粉粒体は光を通さないから見ることはできない。音も曲がって伝わるから、前から声がしても、相手は後ろにいるかも知れない。粉粒体の中に住んでいる生物は自分から遠くはなれたところについて知る方法がぜんぜんないだろう。まあ、X線とか電磁波を発することができれば別だろうけれど。

これまで、五章にわたって粉粒体の振舞いを羅列的に見てきた。その振舞いはあまりにも多様で、たとえば、融かして液体化する場合でも重力で流すか、空気を吹き込むか、振動させるかで、振舞いは全く異なった。にもかかわらず、我々はそれに沸騰とか、対流とか、液体とか、名前をつけてきた。粉粒体は今のところ、このようなアナロジーでしか理解できていない。次章では、このようなやり方で粉粒体を理解しようとすることの意味について考えてみたい。

第六章　粉粒体とは何か

粉粒体の物理学

長かった粉粒体をめぐる旅もついに最終章へと突入した。ここまで読まれた感想はいかがであろうか。想像するに「何だか今まで持っていた物理学のイメージと随分違うなあ」というところではなかろうか。読者の方々で一九六一年生まれの筆者より年配の方々は高等学校で多少なりとも物理を学ばれたであろう。それより若い世代の方々でも、各種のマスコミの報道などを通じてある種の「物理のイメージ」をお持ちではなかったかと思われる。そのイメージと本書のここまでの内容とはかなりかけはなれているのではなかろうか。本章では、その違いとは何か、また、どうして違ってきたかについて考えてみたい。

前章までが粉粒体の様々な面を概観する展覧会／ミュージアムであったとするなら、この章は肩のこる講義の時間、というところだろうか。興味のない方は飛ばしていただいても構わない。どうせ、粉粒体についてこれ以上理解を深めるようなことは何も書けないのだから。また、この章で書くことは一種の独白である。物理の歴史などについても触れるが必ずしも公平で客観的なものではなく、この章で述べたいことに関係のある部分だけを恣意的にとりあげることになる。また、ここで述べることは物理学者の一般的な意見ではなく（むしろ、異端的）、さらに、自分一人で考えついたものというよりそういう物理の異端児たちとの議論によりたどり着いたものであって、いわば、彼ら全体の代理発言であるが、その人々の名をいちいちあげることはしなかった。ご容赦願いたい。本来、このようなことはノーベル賞でもとった大家のすべきことであるが、粉粒体の物理とは何か、また、なぜ、そのようになったか、を論じるためには物理の歴史、現在、未来にも触れずにすますことはできない。

物理学の目的——現実認識の追求

物理学の目的は何か。まあ、「事実の追求と諸法則の探求」というところであろう。一見、当然のように見えるこの定義にはしかし、一つの重要な仮定が隠されている。「主観と客観の分離」である。すなわち、この世には人間が認識しようがしまいが客観的な「事実」が存在し、それを「主観」者たる我々が観察している、という構図である。

あまりにも当たり前のことに感じられるが、これが一般的に認知されるようになったのは比較的最近のことであったのではなかろうか。ヨーロッパでは、中世以前には「魔女」というありもしない存在に対して「死刑」が科せられ、すべては「神」の御業と信じられていたようだ。僕には人々がどの程度神や魔女を信じていたかは知るべくもないが、想像するに、あの時代に「神」の存在を否定する人々の割合/扱われ方/信念の程度というのは、現代においても超能力やUFOの存在を信じている人々の割合/扱われ方/信念の程度と良く似ているのではないかと思う。僕は超能力やUFOが絶対あるとかないとか主張する気は毛頭ないが、現代の一般的な世界観から外れていることは事実であろう。「科学」信仰の枠組の外にあるのである。その意味で(言い古されたことだが)中世の「神」は現代の「科学」に近かったのではないだろうか。

ヨーロッパ以外では客観/主観の枠組の認知はさらに遅れていると思われる。わが国においても戦前には国家元首が神の末裔であるという教育が行なわれたし、隣国、北朝鮮(朝鮮民主主義人民共和国)では初代の国家主席が太陽の運行を司っていると児童に教育していたという報道もあった。このような時代/地域では、主観と客観の分離が明確になされていたかは疑問であろう。

オーウェルは『一九八四年』というSF小説の中で、人々の思考が完全に統制されてしまい、現実認識が完全に為政者にコントロールされてしまった世界を描いている。そこでは、体制に逆らったものはすぐに抹殺される。抹殺は徹底的で、その人間が存在したことを示すすべての書類、出生証明、写真、そして、過去の新聞記事までが改変される。その人間は存在しなかったものとされ、実際、その人間の存在を「客観的」に証明するのは不可能になる。また、為政者にとって都合の悪い概念を表す言語は使用が禁止される。自由・権利などの考えはすべて「思考犯罪」という表現しかできなくなり、ついにはそういう概念を頭の中で考える能力さえ奪われる。

恐ろしいのはそのような作業（過去の新聞記事の改変や辞書からの言語の削除）をしているテクノクラート自体がそれを信じることである。今日、ある人物の存在を抹殺するために過去の新聞記事を改変した者が、次の日にはその人物は存在しなかったと信じることができる。国民に嘘の情報を流すよう指示した政治家が自分の作り出した嘘の報道を信じる。これは「二重思考」と呼ばれ、現実を改変する自分とそれを信じる自分を完全に分けてしまい、自分で自分をだますのである。これは極端な例に過ぎないが、客観と主観の狭間はこのようにあいまいなものではある。

このように危うい主観と客観の分離を最初に確立したのはデカルト（一五九六―一六五〇）ではないだろうか。「我思う、故に我あり」のデカルトである。デカルトについて物理学辞典には次のように記されている。「彼はそれまでの学問の基礎があいまいであることを批判し、（中略）（一）明晰判明なものだけをとりあげる、（二）問題をできるだけ小部分に分ける、（三）単純なものから複雑なものへと順序だてる、（四）完全な枚挙と全体の通覧、という四つの規則に集約される方法を確立した。これに基づいて彼は魂（＝主観）と物体（＝客観）を実体として認め、（後略）」（括弧内は筆者の注）。これを見ると、我々が持っている基本的な物理観が既にここに表現されていることがわかる。デカルトによって、人間の存在とは独立な「客観」の存在が認知され、「科学」が神にとって代わって現実認識の主役となる道を歩みはじめる。

物質主義の成立――ニュートンから素粒子物理まで

話はいきなり、ニュートン（一六四二―一七二七）まで飛ぶ。これはもっぱら、筆者の不勉強のせいと、近代物理学の成立がニュートンの力学の構築に始まることは論を俟たないことによる。ニュートンの時代は「神」から「科学」への覇権の移行の端境期であった。ニュートン自身、神の存在を信じていたというし、力学や光学で現代まで残るような先駆的な不朽の業績をあげた陰で、錬金術師まがいのあやしげなことも、随分していたようである。「現実認識の手段としての物理学」の確立に対して、ニュートンの業績は次の一語につきる。「物質を研究すれば現実がわかる」。

これはあまりにも自明なことであるように思えるし、現在の物理学の主流の考え方もそうである。しかし、当時としてはそれほど自明なことではなかったのではなかろうか。デカルトは「主体と客体の分離」という一般的な科学の方法論は与えてくれたけれども、何が客観かということは教えてはくれなかった。現実認識の枠組の具体的な作り方は不明のままだったのである。昔は何が実在で何が実在でないかは不明確だったと思う。果たして、古代の人々は声と音は同じものだと認識していたのだろうか。色というものが光と同じだとちゃんと認識していただろうか。人間の名前の付け方は恣意的でいい加減である。雲と風は今から思えば別のカテゴリーに属するべきである。雲は細かい水滴の集合という「物質」であるが、風は「空気が流れる」という「現象」であり、物質ではないからだ。これを昔の人がちゃんと認識していたとは僕には思えない。

そのような混沌とした状況の中で、ニュートンは現実認識の枠組を与えたと思う。つまり、「物質とその性質の研究」である。この世の物質はすべて「質量」を持つという「性質」を有する。「質量」という性質は「万有引力」を働かすことができ、その万有引力が物質間に相互作用を働かせる、という理論は文字通り、「リンゴから天体まで」の運動を説明した。今から思えば、現実認識の枠組は他にもあったと思うのだが、ニュートンのあまりの成功にそれ以後の物理の行き方はしっかりと決まってしまった。つまり、「物質中心主義」である。この世は物質で満たされており、その性質を窮め尽くせば現実認識は終わる、という哲学である。

実際、この行き方はきわめてうまく機能した。力学の次に成立した物理学の一分野は多分、電磁気学であるが、電磁気学は「電荷」という物質の属性と「クーロン力」という電荷が作り出す力の数学的な定式化に過ぎない。この物質至上主義はアインシュタイン（一八七九—一九五五）がエネルギーと質量が等価であることを示した時に頂点に達する。「エネルギー」という、人間が持ち込んだ恣意的なものが、「質量」という実測可能な物質の「属性」、しかも、もっとも本質的な属性に還元されたのである。そして、この系譜をつぐ素粒子物理学はその道を進みつづけた。現在ではすべての「力」というものが「粒子」の交換であることがわかってきている。この世のすべては「粒子」という「物質」で記述される。かくして、物質至上主義は勝利を収めたかに見える。

その一方で、物質至上主義は、物理学の発展上、今から思うと滑稽としか思えないような錯誤を引き起こしている。たとえば、燃焼、という現象がある。物が燃えることである。これは研究初期には「フロギストン」というものが物質から抜けていく現象であると信じられていた。なぜ、このようなことになったかというと、物を燃やせば重さが減る。これは物質の中に含まれているフロギストンが抜けていくからだと信じたのである。密閉容器の中で物を燃やすとそのうち火が消えてしまう。これは容器の中のフロギストンの濃度が限界になり、それ以上フロギストンが物質から流れ出られなくなったための現象と解釈された。ちょうど、食塩が水にある濃度までしか溶けられないのと同じように。

この説は鉄粉などを燃やすとかえって重さが増大することなどにより（燃焼とは物質と酸素が結合する化学反応であるが、鉄と酸素が結合すると、酸素が鉄に吸着され鉄の重さはかえって増えることになる。さびる、というのはゆっくりとした燃焼と見ることもできる）退けられていく。現在では、燃焼とは物質と空気中の酸素が激しく反応する「現象」であり、フロギストンという「物質」が介在しているわけではないことを我々は知っている。

物質至上主義の有名なもう一つの勇み足は熱の実体についての研究である。熱の研究の初期においては「熱素」というものが熱の実在であると信じられていた。熱いやかんを冷たい水の中につけると、やかんの温度が下がり水の温度が上がる。あたかも、熱素という熱を担うものがあり（電気の量を電荷というものが決めているように）、それが水とやかんの間で受け渡されたように見える。しかし、この熱素説も、仕事を加えれば物質からいくらでも熱を発生させることがわかる実験（水中で大砲の砲身の中で金属棒を激しく回転させて摩擦熱を起こした）などによりすたれていく。今では我々は、熱というのは物質を構成する原子・分子の細かい振動や運動という「現象」であり、熱素という「物質」は存在しないことを知っている。

このように見てくると、近代においても人間は雲と風の区別（「雲＝物質」と「風＝現象」の区別）に四苦八苦していたことがわかる。そして、物質至上主義に足を引っ張られて錯誤を繰り返した。この、物質至上主義の物理学の系譜の中で、フロギストンや熱素という「物質」を獲得できず、現象論にしかなれなかった熱力学、後の統計力学は、現代物理学におけるその成功にもかかわらず、ずっと二流の物理の地位に甘んじてきた。統計力学分野の研究者にはノーベル物理学賞ではなく化学賞が与えられることもままあったのがその証拠であろう。

いま一つ、古い歴史がありながら現代物理学の中で継子扱いされているものに流体力学がある。第三章に述べたように、流体力学の基礎方程式は一八二六年にナヴィエによって既に導かれており、流体力学の歴史は物理のどの分野にも負けないくらい古い。乱流のように現在でも解明できない興味深い問題も残されており、終わった分野でもない。にもかかわらず、流体力学が物理の中で決して主流と言えないのは、しょせん、「流れる」という「現象」を扱う学問であるからだろう。

第四章で強調したように流体は物質の名前ではなく、流れるもの一般の総称でしかない。液体と気体という非常に異なったものが同じ「流体」である、という意味で、まさに「現象」を研究する学問である。このため、物質至上主義の物理学の系譜の中では主流たり得なかったのではないか。もし、「流れる」という現象が単なる「現象」ではなく、「流素」という実体の媒介するものであり（たとえば、「流素」がたくさん含まれている物質は良く流れる、とか、超流動転移が「流素」密度の発散であるとか）、「流素」がクォークなどの素粒子の組合せでできる「粒子」であったとすれば流体力学は主流たり得たと思うのは僕ばかりではあるまい。

認識論における問題点——物質主義と唯物論

一方で、ニュートンが作り上げた「物質主義」的な現実認識の枠組は認識論上に多くの問題をもたらすことになる。「物質主義」的世界観はつきつめていくと人間の直観に反しているところがあったからである。

カント（一七二四—一八〇四）の考えた「物自体」は、まさにその矛盾を体現しているように思える。ニュートンが作り上げた「物質とその性質の研究」のやり方、物をカテゴライズしその性質を列挙していくやり方では「物質そのもの」である「物自体」には決してたどり着けない、という主張である。たとえば、リンゴがあるとしよう。リンゴにはいろいろな属性がある。「赤い」「丸い」「甘い」「軟らかい」などなど。しかし、これらをいくら繰り返しても決して「リンゴそのもの」の定義にはならない。あくまで、その近似にたどり着けるだけである。

これはマッハ（一八三八—一九一六）のような物理学者に取り上げられ、物質があるからそのような問題が生じるので物質はいらないとする、物質存在の否定につながっていく。マッハはあるかどうかわからない物質の存在を仮定することに反対し、物理学は観測された現象の関数関係を作り上げるだけの学問になるべきである、と主張した。現実認識の枠組として「物質主義」を選択した物理学に対する反乱であり、自分の頭の中にしか世界の存在を認めない観念論の主張である。

しかし、このニュートン的な考え方とマッハ的な考え方の争いは決して物理学の表には登場しなかった。ニュートン的に考えようがマッハ的に考えようが導かれる式が変わるわけではなかったから、現実認識にとってはプラクティカルには重要な問題ではないと思われたからである。

物質主義の限界

物質主義の破綻は意外にも、ニュートンがその力学の応用において大成功をおさめた天体問題自体から始まった。一九世紀末、数学者ポアンカレ（一八五四―一九一二）は、三つの天体がお互いの周りを回っている時にどのような運動をするかということを数学的に解こうと試みた。三つの天体の運動といっても、太陽の周りを地球が回りその周りを月が回る、とか、火星の周りを衛星のフォボスとデイモスが回っているとかいう単純な場合ではなく、三つの天体がおなじくらいの重さを持っていてお互いの周りを互いに回っているような複雑な場合である。ポアンカレが見つけたのは……混沌（カオス）であった。答えを完全に正確には求められなかったが、それでも三つの惑星の軌道は複雑に変化し、秩序などは何もなく、将来、どの星がどこを通るかは実際に計算してみないとわからないということは確かだった。物質の性質は完全にわかっているのに、結果を理解できないのであった。

この事実が示すことは、ニュートンが提示した「物質とその性質の研究」という現実認識の処方箋は別に優れていたわけではないということである。太陽系が、たまたま運良く、一個の大きな質量（太陽）の周りを九個のやや小さな質量（惑星）が回っているという、わかりやすい状態であったに過ぎない、ということである。結果があまりにも良かったために物理学はニュートンのやり方自体が正しいと信じ込み、それを採用したが、その成功は偶然だったのである。このような重要な事実にもかかわらず、ポアンカレの研究は見過ごされた。現実にそのような複雑な運動をしている天体などなかったから、今、目の前にある「現実」を理解するのに、ポアンカレの困難を解決する必要などなかったのである。こうして、ポアンカレの研究は「特殊な場合に起きる病的で異常な、まれな出来事の例」として片づけられてしまった。

このポアンカレが発見した現象は後に「カオス」(注)と名づけられ、ブームになった。カオスについては多くの解説が書かれているので今さらここでは触れない。ただ、研究の進展によって、カオスは一三〇年前のポアンカレの時代に予想されたように病的でまれな現象ではなく、非常に広く見られるごく一般的な現象であることがはっきりしてきたのである。この事実が物質至上主義の現実認識の枠組につきつけた疑問は重かった。「物質とその性質」が完全にわかっても、その物質が実際にどう振舞うかを理解できない例があまりに多くなってしまったのである。もはや、物質至上主義では現実認識に大きな限界があり、別のやり方が必要になってきたのである。

注　量子力学の登場以前の一九世紀では、ニュートンの決定論的な力学が信じられていたため、この世の出来事はすべて決定論的であると信じられていた。量子力学の登場により、ミクロなレベルでは事象が確率的に起こることが避けられず、この決定論は崩れた。さらに、カオスの登場により、ニュートン力学の枠組の中でも単純な決定論は正しくないことが判明してしまった。カオスでは、非常にわずかな誤差が時間とともに非常に大きく成長するので、原理的には決定論的ではあっても、誤差ゼロの観測が不可能な以上、未来は予知できないことになる（決定論的予測不可能性）。天気予報などの気象の問題はこの決定論的予測不可能性を持っていると信じられており、天気予報の難しさもそこにある。

統計力学の現実認識

この物質主義で扱えない部分の現実認識の枠組として統計力学が生まれた。統計力学的な現実認識では、「物質とその性質」という形で世界を理解しようとするのではなく、基本的な要素が多数集まって相互作用した時に生じる現象を研究して世界を理解しようとする。統計力学は、物質主義的には理解できなかった熱や流体の運動を、二〇世紀になってようやく物理学者もその実在を認めるようになった原子の集団運動として理解することに成功した。熱は原子や分子の運動として理解され、燃焼は原子と原子の化学反応として、流体は原子が多数集合した実体を肉眼で観察した時に見えるもの、として正確に定式化された。

ポアンカレがたった三つの要素で構成される集団の運動の理解をあきらめたのに、膨大な数の粒子（原子／分子）が関係するはずの流体や熱が粒子の運動として理解できたのはなぜだろうか？　ニュートンの時と同じように、またも運良く、カオスが出なかったのだろうか？　そうではない。事実はむしろ逆である。カオスが出現するとわずかな誤差がすぐに成長してしまうために未来の予測は不可能である。カオスが強くなり過ぎると、全くランダムで何の秩序もない状態と区別がつかなくなる。それならば、いっそのこと完全なランダムでいいのではないかと考えたのである。統計力学という名前は、状態がランダムで確率的にしか記述できず、その統計的な性質を計算することで現象を理解しよう、という考え方である。

結果的にはこの近似はきわめて良く働いた。完全にランダムであるということは、何の秩序もない「熱的死」（第三章）の状態にあることを意味する。したがって、熱的死、あるいはそれにごく近い時にのみ有効になる。もちろん、宇宙がすべて熱的死にあるのではなく、注目している流体なり、原子の熱運動なりが、熱的に死を迎えていればいいのである。物理学者は、このような局所的に熱的死を迎えている状態を、熱的死とは呼ばず、熱平衡状態と呼んだ。

熱平衡状態にはいろいろあり、どの熱平衡状態にあるかを指定することができる。これを指定するのが「温度」である。温度を変えることにより、様々な熱平衡状態を作り出せるが、この熱平衡状態の近似は非常に良く機能した。たとえば、相転移を一つの熱平衡状態から別の熱平衡状態への変化として説明した。相転移とは、水が氷になる、鉄片が磁石になる、などの現象であった。注目を集めている高温超伝導も相転移の一種である。

だが、熱平衡の近似には限界もあった。「熱的死」を迎えていない現象を説明することができない。たとえば、第三章で示唆したように、生物は熱的死を迎えているわけではない。

熱力学をいくらやっても生物は理解できない。

このような、物質主義でも理解できず、熱的死を近似的に要請する統計力学でも理解できない現象はどのようにして研究されるべきか?

散逸構造——現象主義の復活

物質主義でも熱平衡での統計力学でも記述できない系の研究に先鞭をつけた人々のうちの一人にプリゴジン(一九一七―二〇〇三)がいる。彼が注目したのは、熱的に死を迎えていないけれども、ある意味で、バランスがとれていて定常にある系である。たとえば、地球表面の生態系は、基本的に太陽からの熱と宇宙空間への放熱のバランスで成り立っている(その差が、エネルギーとして蓄えられることもある。石油や石炭は、古代生物がためこんだ太陽エネルギーを、我々が今、使わせてもらっているに過ぎない)。季節の変化もあるし、氷河期が訪れたりもするが、長い目で見れば放熱と加熱のバランスがとれた状態である。あるいは、下から熱せられて表面から放熱している鍋の中の水、というのがその例である。加熱に用いている器具(たとえば、ガスコンロ)の強さを一定にしておけば、加熱と放熱のバランスがとれた状態になる。温度計で温度を測れば、ほぼ一定であることがわかるだろう。しかし、温度が一定であっても、これは熱的死を迎えた状態ではない。熱的死を迎えた状態とは、ガスコンロの加熱が停止し、放熱だけになり、鍋の中の水の温度が最終的に室温と同じになってしまった状態である。

加熱と放熱のバランスがとれた状態は、熱的に死んでいる状態とは程遠いが、ある種の安定性を持っている。プリゴジンが見出したことは、この安定状態の中は熱的死を迎えている場合の安定状態に比べてずっと多彩だということだった。熱せられた鍋の中のお湯の対流も、鍋の中が熱的に死を迎えた状態ではなく、加熱というエネルギーの注入と放熱というエネルギーの放出がバランスがとれた状態であるからこそ生じるのである。

プリゴジンはこのような熱的死ではない安定状態で見られる多彩な構造を「散逸構造」と名づけた。散逸構造とは、たとえば液体の入った容器を熱した時にできる対流の動きの様子、のような空間構造とかである。もともと、全体は一様であるはずであり、加熱も容器の底面に均等に行なっているのだから、液体の運動も一様であるのが普通である（たとえば、上昇する時も下降する時も全体が一様に運動するとか）。にもかかわらず、液体のあるところは上昇し、あるところは下降する、という空間内の不均一が起こる。このような、入れものや外から加える力のかけ方とは異なった構造が生じる時、これを散逸構造と名づける。第一章や第二章で述べた自発的対称性の破れ、とか、生物、というのはそういう意味では散逸構造である。

このような散逸構造を理解する時、物理学者が採用したのは現象主義的な手法であった。かつて、原子が見つかっていなかった時に、科学者が熱や燃焼や流体の運動を理解するために用いた方法である。原子や分子が見つかっていなかった時に気体の運動を理解する熱力学を作るために、温度や圧力の相互関係を導きだして良しとし、その本質を問うことはとりあえずしなかった。たとえば、ボイル・シャルルの法則、すなわち「気体の体積は温度に比例し圧力に反比例する」という法則はそのもの自体が実在であり、なぜそうであるか、という説明がなくても良かった。「気体は原子の集合体」という合意がなくても科学として有効に機能した。それと同じように、対流という運動そのものと、温度や圧力との関数関係を導くことに力を注ぐのである。つまり、気体の体積、圧力、の他に、対流の強さという「熱力学的量」が増えたわけである。

このような行き方はかなりうまく機能した。運動がそれほど複雑でない時は、熱力学で用いたような比較的単純な関数関係が散逸構造と温度や圧力などの既知の変数との間にあることが多いことがわかったのである。気体の体積が温度の関数で表現できたように、対流の強さが鍋の中の温度の関数で書けるようになった（正確には表面と底面の温度差）。対流の強さという量は、容器内の液体の表面と底面の温度差がある程度以下の時はゼロである。温度差がある値を超えて初めて、対流の強さがゼロではなくなっていく。それはちょうど、沸点を超えて初めて液体が気化するという熱力学ではお馴染みの現象を、形式的に拡大したかのような見かけを持っている。この結果、熱的死を迎えていない系であるにもかかわらず、形式上は熱的死を迎えている系の記述に用いられた熱力学と同じような現象主義的な枠組が保存されたのである。

結局、何がわかっているか？

ニュートンから始まって、現代まで駆け足で見てきたが、物理学者がたどり着いているのは、実はここまでである（物理学の歴史を網羅したと主張するつもりは毛頭ない。第一、量子力学にも相対論にも触れない物理学史などあり得ない）。

（一）物質主義的に理解できる単純な場合。
（二）要素間の相互作用が問題になる場合は、
（a）熱平衡状態（熱的死を迎えている系）とその近く。
（b）散逸構造（熱的死ではないがエネルギーの出入りのバランスがとれていて安定な場合に見られる構造）の中でも単純なもの。

これ以外のものは全く理解できない。だが、実際には、我々の日常の現象ではこれらに含まれないもののほうが多いのである。地球表面の生態系だって、大局的には太陽のエネルギーの出入りのバランスがとれているから散逸構造の一種と言えるが、とても単純とは言えない。台風の発生や、氷河期の訪れは単純な現象ではない。生物も散逸構造の一形態だろうが

（食物を摂取し、排泄しながら、恒常性を持つ）、その構造はすごく複雑でとても単純とは言えない。つまり、この世のことは物理学者はほとんどわかっていないのである。

このように書くと、「そんなに何にもわかってないなんて嘘ではないのか。そんなに何もわかっていなくてこんなに科学技術が発達して繁栄できるわけがない」と思うかも知れない。だが、ほとんどわからなくてもこれくらいの科学技術は作れるのである。人間のすごいところは、物理学者が理解したほんのわずかのことを用いて信じ難いまでに多様な応用を考え出したことだ。電気が理解できたら、電球を作って太陽の代わりにし、モーターを作って牛や馬の代用にし、電線を張って長距離で意志が伝達できるようにした。星の運行が理解できたら、自分で星を作り（人工衛星）、地球の写真を撮って天気予報に役立てたり、大洋を飛び越えて電波が送れるようにした。そして、わかっているものだけで環境を作り、その中だけで暮らせるようにした。

皆さんの日常を考えて欲しい。あなたが、都市に住んでいて、家からはなれたところに毎日通っているなら、人工の環境の外に出ることはほとんどないはずだ。家から、バスに乗り、最寄りの駅から電車に乗り、職場／学校に着き、帰りは逆の道をたどる。台風が来ようが雪が降ろうがほとんど関係ない。かく言う僕自身も、家のすぐ前にバス停があり、大学の正門の目の前に最寄りの駅があるから、雨が降ってもほとんど濡れることもない。このような環境に暮らしていると、何もかもわかったような気持ちになるのは当然だが、これは間違っている。自分たちが作った環境の中で毎日暮らしていれば、わかっていることばかりなのは当然である。環境から一歩外に出れば、本当はわからないことばかりである。

逆に言うと、わからないことばかりだから環境破壊が問題になるのである。人間が知っていることだけで作り上げた環境は、当然、自然のあるがままの姿と違う。そういう違ったものを自然環境の中に作り上げ、しかも、どんどん広げていけば両者の間に軋轢（あつれき）が生じるのは当然である。そういう違うもの同士のせめぎ合いを、人間が「環境破壊」と名づけているだけである。「人間が増えれば環境が破壊されるのは必然」という意見があるがこれは間違っている。人間の作る環境が、自然と大きく異なっているからいけないのだ。物理学者が自然法則の大部分を理解しているなら、人間の作る環境は自然のあるがままの姿と変わりなく、環境同士のせめぎ合いもなく、したがって、環境破壊もない。人間は、このまま快適に暮らしたいが自然も壊したくないというならば、もっと、賢くなるしかないのである。

もっと知るにはどうするか？

ここまで大きなスケールの話をしてから、あまりにも唐突かも知れないが、粉粒体の動力学の物理学は、ちょうど、わかるところとわからないところの境界に位置した研究になっている。だから、ファラデイから一六〇〇年もたった一九九〇年代になって、物理学者が再び研究を始めたのである。

粉粒体の動力学は物質主義的な物理学では扱えない。粉粒体を構成しているのは、砂粒、ガラス玉、と空気、くらいである。空気の中の砂の振舞いは、砂がひと粒ならかなり理解できる。それが多数個集まるからわからなくなる。ちょうど、星の数が二個ならわかったが三個だとわからないように。だから、これは物質主義的な研究の範囲外である。では、粉粒体は熱平衡だろうか。そうでもない。温度を変えても何も変わらないからだ。コップにガラス玉を詰めて温度を上げたり下げたりしても、何も起きない。だから、熱平衡にある、熱的に死んでいる系ではない。

散逸構造だろうか？　これは多分、そうではないか。空気を吹き込むにしろ、かき混ぜられるにしろ、風に飛ばされるにしろ、エネルギーが外から入ってきて、粉粒体の粒子同士の衝突や摩擦で失われるエネルギーとバランスがとれているからである。

構造は単純か？　単純なものもあると思う。たとえば、砂丘や風紋の生成や、空気を吹き込んでできた液体状態で「沸騰」する前、というのは比較的単純な構造だと思う。まだ、試されてはいないが、この部分については、散逸構造を扱う既存の理論がかなり使える可能性はあると思う。たとえば、対流で液体が上昇しているところと下降しているところになぞらえて、風紋の縞を現象論的に記述することはできるかも知れない（「風紋に似た縞模様の写真」（六三ページ）は対流の縞模様を上から眺めたものである）。

だが、単純でない構造のほうが多いだろう。ホッパーの中を流れ落ちる粉粒体の複雑な流れや、粉粒体液体の中の沸騰、振動で融けた粉粒体液体の振舞いなどは、単純な構造ではない。かといって、たかが粒々の集まりだから、その中に複雑な相互作用が隠されているわけではない。散逸構造の中でやや複雑な構造としては典型的でよい練習問題というわけである。粉粒体をどう理解するかで、物理学が自然をどこまで理解できるかということをある程度知ることができる。

なぜ、物理学は粉粒体を理解できないか？

残念ながら、物理学は粉粒体をちっとも理解できていないので、粉粒体をどう理解するか、ということから、物理学が現在理解できない範疇の現象をどう理解するかを議論することはできない。その代わりに、「どうして理解できないか？」ということを議論することにより、逆に、物理学が今現在理解できないでいる現象に共通の困難を理解することはできるだろう。

粉粒体を物理学が理解できない理由は大きく分けて二つある。一つはモデルの妥当性の問題であろう。粉粒体の動力学は適当なモデルを導入すれば再現できるものが多い。たとえば、砂丘や風紋のモデルでは「風に飛ばされる」ということを定性的にモデル化し、「高いところから跳べば遠くまで行ける」とか、「風下では風が吹いていないので遠くまで跳べない」とかいう性質をモデルの中に取り込むだけで、風紋や砂丘を再現できた。あるいは、粒子の衝突を計算する場合でも、非弾性衝突や摩擦によって衝突すると速度が遅くなる、という数値計算で、ホッパーでの目詰まりや垂直に立てたパイプの中の粉粒体の流れ（第一章）、粉粒体のかき混ぜ（第三章）、粉粒体の沸騰（第四章）、大きな粒子の上昇（第五章）、などの現象を再現できた。だが、いずれの場合も、モデルの一意性が保証されない。他のモデルでも同じように現象が再現できるかも知れないからだ。

たとえば、砂丘や風紋のモデルの場合、「遠くまで跳ぶ」と言う時、どこまで跳ぶのか、ということに任意性が残ってしまう。むしろ、そういうモデルの詳細によらず同じような結果が得られることを期待しているから、定性的なモデルでも結果があえばいい、とできるのである。粒子の衝突を計算する場合でも、摩擦の様子や衝突前後の速度の減り方を、正確な測定はなしに適当に決めている。それでも、振舞いはあう。経験などを含めて、パラメータをいじっていけば現象をかなり定量的に再現することも可能である（大阪大学工学部の辻裕研究室で開発されたソフトは、既に商業ベースに乗るところまで完成度が上がっている）。

だが、そこには、どのようにすれば近似が上がっていき、より良く現象を再現するのかという指導原理はない。今までの物理学、少なくとも物質主義的な物理学ではこのようなことはなかった。アインシュタインの一般相対性理論が、水星軌道のニュートン力学からの微妙なずれを説明するのに成功した話は有名だが、これは「わずかなずれでもずれがあれば必ず理由があるはず」という信念があって初めて成立する話である。太陽系を一つの恒星と八つの惑星が重力で結ばれたもので表すというのは一種のモデルであるが、惑星の質量という観測可能な物理量を与えることによって軌道が計算でき、現実とあわなければ、衛星や小惑星の質量を考慮していけば現実に近づくという系統的な近似の改良の手段が与えられて初めて、水星の軌道のわずかなずれでも計算とあわなければ何か隠された原因があるはずだ、と思えるのである。このような近似を段階的に上げていく指導原理なしに、パラメーターをいじって現実と一致したからといって、本当にこれで理解したのか、と真面目に質問されれば、物理学者としてはイエスと答えにくい。

もう一つのより深刻な問題は、「概念の欠如」である。粉粒体の動力学の説明では、見た目の類似性からその振舞いを「対流」「沸騰」などという言葉で描写したが、これには何の意味もない。粉粒体の「対流」が流体を加熱した時の対流とは随分違うというのは第五章で説明した通りだし、「沸騰」というのも本当に沸騰しているわけではない。だが、類比としては液体の沸騰と粉粒体の沸騰はかなり良く対応する。「温度」に相当するものがあり、「気泡」を維持する「表面張力」のようなものがあり、「浮力」さえ存在する。だが、これらのどれ一つとして、液体における対応物とは本当の意味では対応しようがない。「温度」「表面張力」というのは熱平衡の統計力学の中での言葉であり、散逸構造である粉粒体の中の現象の説明にはどう逆立ちしても使いようがない。

「浮力」はまあいいかも知れないが、「気泡」というのはなんだろうか。水中の気泡では空気は気泡の中にしかないから定義は明確だが、粉粒体の「気泡」では「気泡」の外にも空気はいっぱいある。だいたい、そうでなければ粉粒体が液体化できないのだから。だから、粉粒体の「気泡」を気泡と名づけるのは、本当はおかしい。そこに「そのように見えるものがある」としか言えない。「気泡に浮力が働いて上昇する」というようなわかりやすい説明はないのだ。

このような二つの問題点は、物理学が理解できない現象に、ある程度共通の問題点である。たとえば、気象を理解しようとしたとしよう。平たく言えば天気予報である。現在でも天気予報のモデルはあって、それで、計算機を使って天気予報をするわけだが、もちろん、大気中の空気の分子一つ一つを数値計算しているわけではないから、雲のでき方とか、風の吹き方を適当にモデル化して予知するわけだ。それで、そこそこ、予知できたとしよう。だが、風の吹き方とか、雲のでき方に恣意性が残ってしまうだろう。「一番良く当たる天気予報のモデル」をパラメーターをいろいろ変えて経験的に選ぶことはできる。でも、それで天気予報がうまくいったからといって、「わかった」という気持ちになれるだろうか?

それでは、モデルが恣意的なのがいけないから、恣意性のないモデルにしたとしよう。そのようなことは実際にはできないけれど、空気の分子一個一個の計算を行なうとか、せめて、ナヴィエの流体の運動方程式を数千キロの大きさの領域について解いたとしよう。その中に、水蒸気が水になって雲を作る機構も正確に入れたとしよう。多分、非常に良い天気予報ができる。だが、これは「わかった」ということにどういうふうに関係するのだろうか？　自然界にあるものをそのまま計算機の中で再現して、それで理解したと言えるのだろうか？　非常に精密な観測とどこが違うのだろうか？　もちろん、計算が速くできれば天気予報の役には立つだろうけれど。

つまるところ、状況は次のようなものである。適当なモデルを作って、砂丘を再現したり、パイプの中を流れ落ちる粉粒体の様子を再現することはできるだろう。しかし、再現できるということと、理解とは違う。理解というのは、因果関係が明確になった場合である。「風が吹けば桶屋が儲かる」というのは（もし、本当ならば）理解である。でも、風も確かに吹いたかも知れないが、雨も降ったし、疫病も蔓延したとしよう。そして、桶屋が儲かったら、因果関係が良くわかるだろうか？　たとえ、風と雨と疫病が重なれば必ず桶屋が儲かることが事実としてわかっても、因果関係がわからなければ「わかった」という気持ちにはなれないだろう。

粉粒体の動力学はその典型である。適当なモデルを作って計算をすれば現象は再現できるから、少なくともその中に結果の現象の原因があるのは間違いない。しかし、そのモデルが現実を正しく表す一意性のあるモデルかどうかはちっともわからないし、また、一方、どれが原因でどうなって結果が生じるのか（なぜ、沸騰するのか、なぜ、目詰まりするのか）が因果関係で記述できるようなきちっとした概念が形成できないのである。

物理学は粉粒体を理解できるか？

この「計算できるが理解できない」という状況は、比較的最近、生じてきた。それまでは、だいたい、因果関係が明確なものしか扱っていなかった。惑星が八個というのはそれなりに複雑ではあるが、八個くらいなら、「土星と火星が近づいたから火星の軌道が少しゆがんだ」とか言いようがある。熱平衡にある系の統計力学では本当はものすごくたくさんの原子が関わっているのだが、「死んで」いることにしてしまったから、温度とか、圧力とか、全体を平均した量しか残らないので、実際に因果関係を考えなければならない変数は数個ですんだ。散逸構造のうち、現象主義的に研究できるものが「単純なものだけ」と言ったことの本質はここにある。系を特徴づけるパラメーターが数個くらいですむものならば、因果関係を明確にして「理解」まで持っていける。

だが、大型で高速の計算機が出現すると、そういう単純な系でなくても、計算できて予測までできるようになってしまった。「台風はどう進むか」というのはある程度計算できるだろう。気圧などを非常に精密に観測し、数値計算すれば（いずれは）予測できるだろう。だが、因果関係はわからない。ここにある高気圧が台風の進路を曲げたのだろうか？　それとも、こっちの低気圧？　そういうことには答えられない。いろいろな変数の因果関係が良くわからなくても答えは出せるようになった。計算機がない時は、現象を再現するのには物事の本質を良く理解してうまい近似をしなければ問題は解けなかった。その過程で「浮力」とか「表面張力」とかいうような概念が作られてきた。その過程が省かれて、いきなり結果が出せるようになると、因果関係がわからないまま、結果が出てくるようになる。このような時、物理学のとるべき道はどのようなものがあるだろうか？

一つの行き方は、あくまで因果関係がわかるような概念の導出にこだわることである。見た目だけにしろ、対流したり、沸騰したりするのだから、表面張力や浮力に対応するような概念があり、それらの因果関係で運動を説明できる可能性は否定できない。その概念が、非常に新しいものであれば、物理学者としては非常に喜ばしい。人間の自然に対する理解を進めることになる。

だが、この方向にどのくらい意味があるのか冷静に考える必要がある。物理学は「理学」の一分野だから、（数学ほどではないにしろ）「理解」ということに重きをおいていた。その意味で「応用」を重視する「工学」とは対照的な立場にあった。しかし、今まで「理学」が存在を許されてきたのは、「理解」が何らかの意味で長期的には「役に立つ」ことを期待していたからだ。もし、理解できなくても計算機で予測や制御ができるならば、物理学による「理解」は哲学のような思索的な学問になってしまう可能性がある。アメリカの超大型加速器ＳＳＣの破綻に見られるように、ただ「理解」するだけのために社会はお金を払ってくれなくなった。見かけ上の「表面張力」や「浮力」の成因がわかったところで、計算が速くなるとは必ずしも思えない。風紋を作るのに「高いところから出発すれば遠くまで跳べる」という規則でいいのはなぜかがわかっても、計算精度がすごく上がるわけではないだろう。そういう意味では、今までのように概念を積み重ねて、その因果関係を解明して理解しよう、というのでは限界があるのではないか。数値計算で出た因果関係の不明確なデータをそのまま理解するパラダイムが必要かも知れない。それが何であるかはわからないけれど、粉粒体のように単純なものも理解できないようでは、もっと複雑な気象のような現象を理解できるとはちょっと思えない。そのようなパラダイムが粉粒体の動力学の研究を行なっていく過程で発見され、物理学者が、というより人類が、複雑で因果関係が簡単にわからないような現象を理解するパラダイムを構築していけることを期待して、僕は粉粒体を研究する。

物理学はどうなっていくか?

物理学が理解できないものを理解するために、物理学はどうなっていかなければならないか。これに対する答えはもちろんないのだが、方向性について考えてみよう。

いま、もっとも見込みがありそうなのは現象主義的なアプローチである。現象主義的な行き方は本当の意味で「理解」とは呼べない、というのが物理学の現在の主流の考え方だが、一九世紀末、原子の実在性が物理学者の間で議論された時には、現象主義的な熱力学が主流の物理学となった時代もあったのだ。もちろん一世紀ほど前には、統計力学の登場により現象主義的な世界観は退けられ、物質主義的な世界観と、その上に構築された統計力学が主要な世界観を構成するようになった。そのような現象主義的物理学が再度登場した理由はなんだろうか？

それは、一つには散逸構造の中の比較的単純な構造を「理解」するのに現象主義的なアプローチが有効だったからだ。だが、それだけではない。現象主義的なアプローチが再び力をつけてきた理由を考えるのに、計算機の存在を忘れることはできないだろう。計算機がある程度発展して、現実とみまごうばかりの計算をすることが可能になると、次第に、自分の研究しているものが何なのか不明確になっていく。液体の研究をする時、最初は「原子／分子の集合体」を研究しているのだが、計算機の上では、ただの丸い球の集合でも挙動があまり変わらなかったりすることに気づきはじめる。そうすると「液体」の性質は現実の液体固有のものではなく、「丸いものの集合」一般の性質である、ということになっていく。つまり、「物質の性質」の研究ではなく、「液体の性質」がなぜ生じるかという「現象自身」の研究になっていく。

物理学は物事を抽象化し、単純化して、現象が生じる理由を明らかにする学問だから、原子／分子を球で近似するという方向性はおかしくない。だが、そうなると、物理は物の研究ではなく、現象の研究になっていく。物とその性質、という観点から作られた物質主義と、その上に構築された統計力学的世界観からずれはじめる。この部分はだから、一九世紀の熱力学のような現象主義的世界観と似ている。だが、一方で、「丸い球の集合はなぜそのように振舞うか」を問うことはやめないという点で一九世紀の現象主義的方法とは異なるだろう。物質ではなく、現象を研究するというだけで、「どうしてその現象が起きるか」ということの理解を一九世紀の熱力学でのように放棄するわけではない。

ひょっとすると、こういう新しい意味での現象主義的方法が、物理学者が現在理解できないでいる様々な物事をわからせてくれるかも知れない。気象や生物はあまりにも複雑だが、計算機の中の作られた環境でそのような複雑な現象が再現できれば、因果関係がわかりやすくなるかも知れない。原子の集合として液体を研究するより、丸い玉の集合として液体を研究するほうが楽に決まっている。もちろん、丸い玉で再現できたからといって、これを現実の液体の「説明」として受け入れられるかは別であるけれど。

そのような説明で「現実」を説明したと見なすには、丸い玉でも、原子や分子でも、たくさん集まった時の挙動はあまり変わらないという普遍性があることを認めなくてはいけない。もしこれが認められれば、丸い玉で原子や分子の挙動を説明してもいいと思うことができる。このような普遍性がどの程度有効であるかは、まだ明らかではない。

少なくとも、このような行き方は、カントの「物自体」の呪縛から我々を救ってはくれるだろう。もはや、リンゴという「物自体」を研究しているのではなく、「赤い」「甘い」「軟らかい」「丸い」という性質そのものを研究するのだから。

一方で、このような行き方は、次第に物理学と他の学問との境界を不明確にしていくだろう。計算機の中での現象の研究であれば、生物や経済や進化も物理学者が扱いうるようになっていくから。現実の生物や進化や経済は、複雑過ぎて物理学者の手にはおえないだろうが、そのような現象の一部分（景気の変化、生物の個体数の増減、種の新生と絶滅など）を切りだし、その現象を再現するモデルを計算機の中で作って、その現象がなぜ生じるのかを議論することは物理学者にもできるだろう。このようなパラダイムは今までの物理学にはなかったものであり、試してみる価値はあるだろう。それが現実の「説明」になっていると思えるかどうかはいささか心許ないけれど。

何をもって「わかった」とするか？

詰まるところ、今の物理学の変容の根本には、自然観の動揺がある。デカルトが主観と客観を分けて以来、「現実」と「観測者」は分離されていた。熱平衡状態での統計力学においてさえ、「熱的死」に達した系は、人間が観測しようがしまいが変化することはなく、「客観」として実在した。しかし、人間が見ている現象が概念の単純な因果関係で記述できるようなものを超えつつある今、デカルト的な「主観」／「客観」の分離自体が何重もの意味で危機に晒されている。

一つは、前述のような計算機の登場により、人間の頭の中にしかなかったモデルが計算機の中に吐き出され、独立した実在として、「客観」として存在しはじめたことによる危機である。一度、計算機の中に吐き出されてしまったモデルは、発案者がたとえ死んでも生き残る。その意味で客観的な実在である。そして、それはモデル自身が「現実」の模倣である小現実として、それ自身が研究の対象になる。このモデルは頭の中にある時は「現実」に対する一つの解釈である（主観）。計算機の中に吐き出された途端、実在となる（客観）。ここにおいてデカルト的な単純な「主観」／「客観」の切りわけは危うくなる。頭の中にあろうが計算機の中にあろうが、それは同じモデルであることは疑うべくもない。実際、一九世紀には原子を丸い玉だと思っていた人々は多かった。これは「主観」である。計算機の中にそれが出現した途端、「客観」になる。モデルの振舞いは完全に再現可能で、誰が見ても同じように見える。では、主観から客観へどの時点で移り変わったのか？　キーボードを打った瞬間か？　それとも、プログラムを走らせた瞬間か？

あるいは、現実の液体と丸い玉の集合が同じ振舞いをする時、丸い玉がどうしてそのような振舞いをするか、ということだけが解明されたとしよう。さて、この時、「現実の液体」（もちろん、丸い玉でできているわけではない）がなぜ、その振舞いをするかが「わかった」と言えるだろうか？　いいと思う人もいるし、悪いと思う人もいる。悪いと思う人の言い分は「原子と丸い玉がなぜ同じかをちゃんと理解しなければ理解とは言えない」というところだろう。だが、もし原子と丸い玉がなぜ同じかを理解しても、予測の精度が上がらなければどうなるだろう？（これは往々にして生じることだ。たとえば、ナヴィエが流体の運動方程式を導出した時、彼は流体が原子／分子の集合であることを知らなかった。だが、彼の流体の方程式は完璧である。）第三者から見て、丸い玉と原子の等価性を理解しているAと、していないBは、同じ精度で現象を予測する。どっちが物事を良く「理解」しているか客観的に判断できるだろうか？「両者に質問してみればいい。Aだけがより詳しく説明できるから、Aのほうが良く理解しているのは明らかだ」と言うかも知れない。だが、判定者がBのような価値観の持ち主で、「原子と球の等価性」がわからなくても「理解した」という気分になれる人物ならどうなるのか？　理解したかどうかは「気分」の問題なのか？（繰り返して言うが、計算機があればモデルさえ与えれば結果は出せる。より良く理解しているからより良く予測できるというパラダイムは、強力な計算機の前では無力である。）一部の物理学者が人間の脳や精神そのものの研究に走りはじめたのはこの疑問に答えるためではないだろうか？「結局、人間は何をもって『わかった』と感じるのか？」

最後に、これは直接的な問題ではないが、プラクティカルな意味で主観と客観を分けることを否定している現象がある。古来、人間は、人間の営みと独立に自然が存在すると思っていた。風があればそれを利用して風車を回してエネルギーを取り出した。だが、今の世の中は、言わば風車を建てれば風向きが変わる時代になってしまった。汚れた水を流せば生物が死に絶え、火を燃やせば温度が上昇する世の中になった。ニュートンの時代は星の運行が研究対象であり、人間が何をしようがそれは不変のものだった。今、たとえば生物の絶滅や気候を研究対象とした時、人間の営みの効果を無視できるだろうか？　無視できないとしたら、自分自身が、すなわち観測対象の内部にいるものが観測者として対象を観測することになる。個々人の行動が問題になるわけではないからこれはそれほど深刻ではない。しかし、人類の総体的な自然認識という観点からすると、観測者である「主観」が観測対象である「客観」の中に含まれてしまうことになる。これは将来的にはおかしなことを生み出してくるかも知れない。

生まれた時からテレビゲームに親しんできた世代が研究の第一線に立った時、僕には想像もつかない「理解」の仕方が現れるかも知れない。それが、今、物理学者が理解できないでいる現象を理解させてくれるパラダイムになっていることを願おう。自分の理解できる範囲で作り上げた人工の環境で生きつづける人類には未来はないだろうから。

おわりに

『物理の散歩道』という名著がある。それを読んだことがおありになる方は、ちょっと雰囲気が似ているな、と思われたかも知れない。流れ落ちる、吹き飛ばされる、などという章の立て方は良く似ている。粉粒体の話題も『物理の散歩道』には散見される。別に意識してそのようにしたわけではないけれど、この一致は偶然ではないかも知れない。

「日常生活の中に新しい物理の萌芽がある」と最初に（かどうか知らないが）指摘したのは寺田寅彦だった。寺田寅彦が夢想しかできなかったものを『物理の散歩道』の著者集団であるロゲルギストは談論風発ふうに楽しんだ。寺田の時代には大家の晩年の独白、ロゲルギストの時代には功成り名遂げた人々の道楽としてしか存在できなかった話題を、僕は自分たちの世代の本業の研究の紹介として書くことができるようになった。寺田の夢想から六〇年、ロゲルギストの誕生から三〇年、物理学は確実に進歩している。今から三〇年後には、僕が個人的な予想としてしか書けなかったことがきっと科学的に証明されていると思う（たとえば、シマウマの縞と風紋の縞の関係とか。実際、現象論的な記述で、経済や生物の理解が進みはじめている。シマウマの縞と風紋の縞の関係ではないが、タテジマキンチャクダイという熱帯魚の縞模様が、反応拡散系という化学反応できれいな縞模様ができる仕組みと同じ仕組みで作られていることがわかった〔『ネイチャー』一九九五年八月三一日号、近藤滋他〕。

その一方で、僕が触れることができたのは、寺田やロゲルギストが興味を持った幅広い話題の中で粉粒体の話だけだ。寺田は「日常生活の中の物理」すべてを話題にしても数篇の随筆しか書けなかったが、ロゲルギストは数冊の本を編んだ。今の時代は粉粒体の話だけで、一冊の本が書ける。寺田やロゲルギストが興味を持った他の話題、結晶成長や亀裂の形にも僕は興味があるし、関連した論文も多少は書いてはいる。しかし、もはや、僕はそれについて本を書くような専門の物理学者ではない。分野の専門化は確実に進んでいるかも知れない。ひょっとしたら、このような話題についてこんな感じで本を書くことが許される最後の世代に我々は属しているかも知れない。ちょっと、さびしい気もする。

聞くところによると世の中の人は理科が、特に物理が嫌いになってしまったらしい。実際、センター試験で試験監督などをやっていると、物理を選択する人は一〇分の一くらいのようである。僕は一応、物理学者の端くれということになっているのでこれはちょっとさびしい。もちろん、物理がすべての科学の基礎である、とかいうのは大ウソだから、やる人が減ってても別にどうということはないけれど、物理の面白さ、というようなことを味わえる人が少なくなるのはちょっと悲しい。そういう気持ちを込めてこの本を書いた。

ニュートンが木からリンゴが落ちるのを見て重力の存在に気づき、星の運動を説明できる力学理論を考え出した、というのはウソ臭いが、これは物理の面白さの一面を良く言い当てていると思う。つまり、リンゴと月が同じ法則に支配されていることに気づくという面白さが物理の面白さなのだと思う。

粉粒体は宇宙の始原に思いを馳せるロマンもないし、はやりのフラクタルやカオスのような哲学的な深遠さもない。でも、砂時計が満員電車だったり、砂の流れが渋滞だったり、砂山が「過加熱固体」だったりするというのは、全く違うように見えるものが実は良く似ているということに気づくという、物理の本当の意味での面白さを良く味わわせてくれるのではないだろうか。

哲学者カントは、「物自体」という概念を考え出した。たとえば、リンゴという「物」の性質をいろいろ研究することはできる。色が赤い、とか、重力に引かれて落ちる、とか。でも、いくら描写を積み重ねても、しょせん「リンゴ」という「物自体」には到達できない、というようなことである（と、僕は思う）。だから、物理学は無駄なんだ、とまで言ったかどうかは知らないけれど、これは物理をやっている人間にはちょっと悲しい。

でも、逆に言えば、「物自体」からはぎとった属性は「物自体」からは独立なわけで、この属性は別のものにも存在している（たとえば、赤色というリンゴの属性はイチゴにもトマトにもあるわけだから、「赤」という属性は物からは独立だ）。この「物自体」からはぎとった「属性」自体を研究していくのがこれからの物理のあるべき姿ではないかと思う。その意味では、粉粒体のある属性と他のある物の属性が一致するということを見つけていくのは物理の本当の面白さを伝えることになるのだと信じたい。その属性自身の研究はまだまだ始まったばかりである。そして、この「属性」そのものの研究の体系化こそ、寺田が望み、ロゲルギストが試みてなしえなかった夢の実現そのものであると思う。

中公新書の佐々木久夫氏には、筆者の初めての本ということでいろいろお心遣いいただいたことと思う。ここに感謝したい。また、本書の元となった『科学』（岩波書店、一九九四年八月号）に掲載された解説を担当して下さった編集部の千葉克彦氏にも改めて感謝する。

僕が粉粒体の研究を遂行するに当たり、いろいろとお世話になった方は数多い。とても、ここに書き切れるものではない。なかでも、本書の図版を提供して下さった方々には、いつもお世話になりっぱなしである（一部の方々には、本稿を通読してもいただいた）。改めてここに感謝したい。

その他、各種の雑誌に粉粒体の解説やプロシーディングスを書かせて下さった方々（『日本物理学会誌』松下貢氏、『固体物理』西田信彦氏、『ＪＪＡＰ』永田一清氏、『物性研究』編集委員諸氏、『ＩＪＭＰ／Ｂ』大野克嗣氏、『粉体工学会誌』編集委員会の方々）にも感謝したい。この著書はいわば、バラバラに執筆されたそれらの解説のまとめのようなものであるから。

その他、研究上の議論をしていただいた多くの方々、たとえば、粉体工学会の方々（九州工業大学（当時。以下同）の湯晋一氏、同志社大学の日高重助氏）、彼らが読むことはあり得ないと思うのでいちいち名前はあげないけれど、欧米の優秀な粉粒体の研究者の皆さん、粉粒体のオリジナル論文を僕と一緒に書いた唯一の人物・東北大学の高安秀樹氏、そして、粉粒体研究グループの仲間だった佐々真一（東京大学）、早川尚男（京都大学）、西森拓（茨城大学）の諸氏、本当にありがとうございました。

最後に、僕をここまで育ててくれた両親と、いつも僕を支えてくれた愛する妻（彼女も、物理ではないけれども研究者です）、そして、この本が生まれる頃にちょうど生まれるであろうわが子に感謝する。

全体の原稿は Linux ＋ JE 上の ascii-PTeX を使って書き（縦書き）、DOS／V 上の dviprt で印刷した。本文中の図の一部は tgif＋を使って描いた（そのまま版下にしたわけではないが）。これらを作られた方々関係各位に感謝したい。このようなソフトを自由に使用できることが許されるのも、計算機の普及の力である。計算機はやっぱり偉大だ！（詳しくは第六章参照）

一九九五年八月　夏蟬騒ぐ窓辺にて

田口善弘

参考文献ガイド

粉粒体を流体のアナロジーで記述した部分が多かったが、流体そのものに対する説明は少なかった。流体自身も実は、けっこう、面白くてわからないことが多い。そういうことに接したい人は、
・木田重雄『いまさら流体力学?』(丸善、一九九四)

特に、第三章の「かき混ぜ」については、
・高木隆司『まぜこぜを科学する――乱流・カオス・フラクタル』(裳華房、一九九四)

本書でもたびたび触れた近年の物理観の変化を採り入れた新しい生命観については、同じ中公新書の、
・柳澤桂子『いのちとリズム――無限の繰り返しの中で』(中央公論社、一九九四↓『リズムの生物学』講談社学術文庫、二〇二二)

がある。

第六章で述べたような新しい物理に関連する概念としてカオス、フラクタルなどがあるが、カオスについては、
・J・グリック/大貫昌子訳『カオス――新しい科学をつくる』(新潮社、一九九一)

『まぜこぜを科学する』はカオスの入門書でもあるし、参考文献にはカオスの解説が多く載っている。

フラクタルについてはちょっと程度が高いが、

・高安秀樹『フラクタル』（朝倉書店、一九八六）

がやはり定番だろう。

第六章で述べたような物理史観（特に一九世紀までの物質主義と果敢に戦って敗れ去った現象主義としての熱力学）については、

・山本義隆『熱学思想の史的展開——熱とエントロピー』（現代数学社、一九八七→ちくま学芸文庫、(1)二〇〇八、(2)(3)二〇〇九）

が秀逸。

物理とは何かについての不朽の名著、

・朝永振一郎『物理学とは何だろうか（上・下）』（岩波書店、一九七九）

も是非読んでほしい。

肝心の粉粒体については、適当な入門書が数少ない。僕が知る限りの唯一の入門書は粉体工学の本当の権威が書いたもので、

・神保元二『粉体の科学——最先端技術を支える「粉」と「粒」』（講談社ブルーバックス、一九八五）

これには、映画「ピラミッド」（第四章）の話も図解付きで詳しく述べられている。あとは教科書しか知らない。

第二章の砂丘の話については、

・R・A・バグノルド／金崎肇訳『飛砂と砂丘の理論』（創造社、一九六三）

がいいのだが、古い本なので今でも売っているかどうか。

第四章で述べたような気体と粉粒体の共存状態については、
・鞭巌・森滋勝・堀尾正靭『流動層の反応工学』(培風館、一九八四)
粉粒体の古典的な教科書として、
・久保輝一郎他編『粉体――理論と応用』(丸善、一九六二)
などがある。
最後に、当然のことながら、
・寺田寅彦『寺田寅彦随筆集』(全五巻、岩波書店)
と、
・ロゲルギスト『物理の散歩道』(岩波書店)／『新 物理の散歩道』(中央公論社)
をまだ読んでいない方にはお勧めする。

学術文庫版へのあとがき

拙著が講談社学術文庫に収録されるにあたり、改めて拙著の「第六章　粉粒体とは何か」を読み返してみた。この章には物理学のその時点までの進歩の総括とこれからの物理学の進歩のあるべき姿が述べられており、若気の至りで偉そうなことを書いていて赤面することこの上ないのだが、あの章は三〇年後の今の自分に向かって書かれた文章だと思って、三〇年前の自分への返事をここに書くことにしよう。

拙著が出た三〇年前には、物理学が今後、今まで対象としてこなかった広い現象を包括するような科学になることへの期待が、強く感じられる。その指針として挙げられたのは現象主義と数値計算である。物質に拘泥する科学であった物理学が、物質科学の呪縛から解き放たれて、現象の科学になり、今までは扱えなかった広い現象を扱える、より汎用的で偉大な科学になることが期待され、そこでは数値計算が大きな役割を果たすことが期待されていた。

同時に、計算機による研究は自然の理解には必ずしも役立たず、理解することが重要な物理学のあり方とは折り合いが良くないだろう、という懸念も垣間見られる。そして、この点の解決策は述べられないまま、拙著は終わっている。

さて、今、この三〇年を振り返ったらどういうことが言えるだろうか？　残念ながら、物理学は一皮むけた大きな科学となることはなかった。むしろ、物質主義的な物理学に徹することで生き残りを図ってきたように見える。これは決して物理学が進歩しなかったという意味ではない。科学としての物理学は大きく進歩したが、僕が期待したような形でそのウィングを広げることはしなかった、ということなのだ。

そして、三〇年前に僕が物理学が発展することで達成されることを望んだ、現象論的な科学は、今は全然別の分野でやられるようになったように見える。言わずもがなのデータサイエンスとか機械学習とかいう分野である。

奇しくも、僕自身、今はバイオインフォマティクスという生命科学を機械学習を使ってやるような分野の研究をしている。『生命はデジタルでできている――情報から見た新しい生命像』とか『はじめての機械学習――中学数学でわかるAIのエッセンス』とか題する新書を書く機会にも恵まれた。だから、この凄まじいAIブームが起きる前から、僕はデータサイエンスとか機械学習に近しいところにいた。その意味では、三〇年前に望んだ物理学の発展は起きなかったとはいうものの、自分自身は、物理学が発展することで包括的に研究されるべきだと思った分野に近しいところにいることになったと言える。

逆に三〇年前の予想と大きく異なったことは何か、と言えば、それはなんと言っても今の生成ＡＩの隆盛だろう。今の時点で生成ＡＩという言葉でそれが何かを理解できない人はいないかも知れないが、何年か経つと意味のわからない言葉になっているかも知れないから、簡単に説明しておくと、たとえばChatGPTに類するようなＬＬＭ（Large Language Models）は人間の応答と見まごうような知的な会話をこなしているように見える。実際にやっていることは人間の投げかける言葉に対してもっともらしく思える返答をしているだけなのだが、あまりにもリアルでＬＬＭが考えていないというのが嘘のようだ。一方で、動画、音楽、画像の生成ＡＩは簡単な言葉で命じるだけで、動画、音楽、画像を生成する能力を獲得しつつある。これも基本的には言葉という入力に対して、人間が妥当と思える出力である、動画、音楽、画像を作り出しているだけなのだが、その完成度は驚異的でさえある。この原稿の「今」とはそういう時代なのだ。その現実と三〇年前の予想を比べたらどこが違っているだろうか？

三〇年前、僕の頭の中にあったのは、あくまで自然現象の解明までであり、実際に自然現象がどう起きて、どこをどうすればどうなるのか、という制御性の獲得だった。そして、その道具として現象論的なモデル化による数値計算が大きな役目を果たすだろう、と思っていたように見える。

だが、現実に起きたことはかなり違っていた。今、生成ＡＩと呼ばれているものの、ChatGPTのようなＬＬＭや動画、音楽、画像の生成ＡＩはその内部にモデルを内包してはいないのである。つまり、生成ＡＩの内部には汎用的な入力出力関係の学習装置だけが存在し、与えられた入力と出力をつなぐような関数関係を作り出すことによって現実を生成するだけなのだ。ＬＬＭや生成ＡＩをいくら研究しても現実のことはわからない。

二〇二四年九月の現時点でもすでに優れた動画生成ＡＩは流体も含んだ現実と見まごうような動画を生成することが可能になっている。だが、その内部には現実の物理法則を模すようなモデルは全く存在していない。全く異なった原理で、しかし、現実と（ほぼ）同じものを作り出せるようになっている。これはつまり、現実を生成するのに現実の動作原理と同じモデルは不要で、現実を生成できるモデルというものは無数にあり、いわゆる物理法則というものはその現実を作り出せる無数の可能性の中のたった一個にすぎなかった、ということになるわけだ。

同じことはＡＩ、つまり、人工知能にも言えるだろう。人工知能の研究は始まった時から「人間の知能と同じものを作る」という工学的な目的と「人間の知能を理解する」という理学的な目的を内包しているという意味で二義的だった。そこに齟齬が生じなかったのは「人間の知能と同じ機能を実現するには人間の知能原理を模すしかない（はず）」という今思えば根拠の乏しい、ある種の信念があったからだ。だが、現実はどうだろう。前述のような中身に世界モデルを内包しない、従って、人間の知能のモデルも内包しないただの学習機が、人間と見まごうばかりの受け答えをできるようになってしまった。これは現実世界を作り出すのに物理法則以外の方法があったと同じように、人間が知能を使ってやっている（と思っていた）ことを知能を実現せずにできる方法があるとわかってしまったという意味できわめて相補的である。現実世界の実現性がユニークではなかったように、（外面的な）知能の機能もユニークではなかった、ということなのだ。今のChatGPTのようなＬＬＭに人間が知能を感じてしまうのは、外面的に人間が知能を使ってやっていることを模すことができるシステムがあれば、それは知能があるに違いないと我々が感じてしまうことに起因している。もはや、ＬＬＭが知能を持っているかはどうでもいい。我々がそれを知能と感じるかどうかが問題なのだ。生成ＡＩが作った現実と見まごう動画が、内部に物理モデルを持たないものが作ったもの、つまり、物理法則に依らない現実であったとしても我々は違和感を覚えることがないのと同じように。

その意味では三〇年前の僕が見逃していたのは、現実であろうと、知能であろうと、それと同じものを生み出せるなら中身も同じに違いないという信念が誤りかも知れないという点だ。実際、僕は三〇年前に書いた第六章の文章の中で、同じ現象を再現できるモデルが作れたとしてもそれが本当かどうかはわからないというような懸念を述べている。が、三〇年経ってわかったことは、実際に現実なり知能（の機能）を再現できるシステムは無数にあり、この世界はその中の一個をたまたま採用してできあがっているだけかも知れないという可能性だ。その意味では正しいメカニズムというものは存在せず、単に、そのメカニズムが採用されたかされなかったかの違いでしかない、ということになる。

もし、これが正しいとすると、科学や工学はかなりカオスな方向に進化していくことになるだろう。この現実を作れるシステムが無数にあるならば、逆に、この現実と同じくらいつじつまがあっていて、かつ、この現実とは似ても似つかない、しかし、無矛盾な別の現実を作れるシステムがあるに違いないからだ。それは最初は計算機によって仮想現実の世界の中で構築されるだろうが、その中のいくつかは、現実の世界の中に作り出すことが可能なものがあるかも知れない。

つまり、重力を制御したり、時間を遡ったりするような制御装置が、生成ＡＩによって別の現実のリアライゼーションとして実現してしまう可能性だ。そうなったら、ＬＬＭや画像生成ＡＩがなぜ言葉を操ったりきれいな絵を描いたりするのかわからないままに、言葉を話させたり、画像を作らせたりしているように、原理がわからないまま、重力制御装置やタイムマシーンを使う羽目になる未来があるのかも知れない。

すこし妄想が過ぎたようだ。実際に重力制御装置やタイムマシーンを未来の生成ＡＩが作れてしまうとは本気では思っていないが、現実や知能（の外面的な機能）を実現するシステムが唯一無二ではないという結論はおそらく揺らがないだろう。生成ＡＩの中を良く見てみたら、現実の物理法則や、人間の大脳の機能と同じになっていました、という形で現実を生成するシステムは唯一無二だったとわかるという可能性もなくはないが、おそらくそんなことはない。そうなると、重力制御装置やタイムマシーンとはいかないまでも、いろいろな意味で作るのが不可能だったりあるいは難しかったりするもの（たとえば、常温常圧超伝導とか、量子コンピュータとか、核融合とか）の解決策や設計手順が生成ＡＩによって提示されてしまって実現する未来、というものくらいはあり得るかも知れない。それが僕が予想する今後の科学の行く末である。

本当に筆が滑ってしまった感じがあるが、もし、まだ三〇年後に僕が生きていることがあり、そして、こんな風に今書いている文章への応答文をしたためる日があったとしたら、こんどこそ見当違いな未来ではなかったと結論できることを祈って、筆を置くことにする。まあ、きっとそう都合よくは行かないと思うけれど。

二〇二四年九月

田口善弘

KODANSHA

本書の原本『砂時計の七不思議——粉粒体の動力学』は、
一九九五年に中公新書より刊行されました。

田口善弘（たぐち　よしひろ）

1961年，東京生まれ。東京工業大学助手などを経て、中央大学理工学部教授。本書の原本『砂時計の七不思議』で第12回講談社科学出版賞受賞。バイオインフォマティクスの分野で，スタンフォード大学とエルゼビア社による「世界で最も影響力のある研究者トップ２％」に2021年度から24年度まで４年連続選出。著書に『生命はデジタルでできている』『はじめての機械学習』『学び直し高校物理』『知能とはなにか』などがある。

定価はカバーに表示してあります。

砂時計の科学

田口善弘

2025年１月14日　第１刷発行

発行者　篠木和久
発行所　株式会社講談社
東京都文京区音羽 2-12-21 〒112-8001
電話　編集（03）5395-3512
販売（03）5395-5817
業務（03）5395-3615
装　幀　蟹江征治
印　刷　株式会社ＫＰＳプロダクツ
製　本　株式会社国宝社
本文データ制作　講談社デジタル製作

ISBN978-4-06-538267-7

「講談社学術文庫」の刊行に当たって

これは、学術をポケットに入れることをモットーとして生まれた文庫である。学術は少年の心を養い、成年の心を満たす。その学術がポケットにはいる形で、万人のものになることは、生涯教育をうたう現代の理想である。

こうした考え方は、学術を巨大な城のように見る世間の常識に反するかもしれない。また、一部の人たちからは、学術の権威をおとすものと非難されるかもしれない。しかし、それはいずれも学術の新しい在り方を解しないものといわざるをえない。

学術は、まず魔術への挑戦から始まった。やがて、いわゆる常識をつぎつぎに改めていった。学術の権威は、幾百年、幾千年にわたる、苦しい戦いの成果である。こうしてきずきあげられた城が、一見して近づきがたいものにうつるのは、そのためである。しかし、学術の権威を、その形の上だけで判断してはならない。その生成のあとをかえりみれば、その根は常に人々の生活の中にあった。学術が大きな力たりうるのはそのためであって、生活をはなれた学術は、どこにもない。

開かれた社会といわれる現代にとって、これはまったく自明である。生活と学術との間に、もし距離があるとすれば、何をおいてもこれを埋めねばならない。もしこの距離が形の上の迷信からきているとすれば、その迷信をうち破らねばならぬ。

学術文庫は、内外の迷信を打破し、学術のために新しい天地をひらく意図をもって生まれた。文庫という小さい形と、学術という壮大な城とが、完全に両立するためには、なおいくらかの時を必要とするであろう。しかし、学術をポケットにした社会が、人間の生活にとってより豊かな社会であることは、たしかである。そうした社会の実現のために、文庫の世界に新しいジャンルを加えることができれば幸いである。

一九七六年六月

野間省一

自然科学

1534
沼田　眞・岩瀬　徹著
図説　日本の植生
植物を群落として捉え、長年の丹念なフィールドワークをもとにまとめた労作。植物と生育環境の関係に視点を据え、群落の分布と遷移の特徴を簡明に説いた入門書で、日本列島の多様な植生を豊富な図版で展開。

1614
梶田　昭著（解説・佐々木　武）
医学の歴史
盛り沢山の挿話と引例。面白く読める医学史。絶えざる病との格闘。人間の叡智を傾けた病気克服のドラマとは？　主要な医学書の他、思想や文学書の文書まで自在に引用し、人類の医学発展の歩みを興味深く語る。電P

1644
牧野富太郎著
牧野富太郎自叙伝
植物分類学の巨人が自らの来し方をふり返る。幼少時から植物に親しみ、独学で九十五年の生涯の殆どを植物研究に捧げた牧野博士。貧困や権威に屈せず、信念を貫き通した博士が、独特の牧野節で綴る「わが生涯」。電P

2019
佐貫亦男著
不安定からの発想
ライト兄弟の飛行を可能にしたのは、勇気と主体的な制御思想だった。過度な安定に身を置かず、自らが操縦桿を握り安定を生み出すのだ、と。航空工学の泰斗が現代人に贈る、不安定な時代を生き抜く逆転の発想。電P

2057
寺田寅彦著（解説・畑村洋太郎）
天災と国防
地震・津波・火炎・大事故・噴火などの災害についての論考やエッセイ十一編を収録。物理学者にして名随筆家は、平時における天災への備えと災害教育の必要性を説く。未曽有の危機を迎えた日本人の必読書。電P

2082
貝塚爽平著（解説・鈴木毅彦）
東京の自然史
大地震で数メートルも地表面が移動する地殻変動、一〇〇メートル以上あった氷河期と間氷期の海水面の変化。百万年超のスパンで東京の形成過程を読み説く地形学による東京分析の決定版。散歩・災害MAPにも。電P

自然科学

2098
生命の劇場
J・v・ユクスキュル著／入江重吉・寺井俊正訳

ダーウィニズムと機械論的自然観に覆われていた二〇世紀初頭、人間中心の世界観を退けて、著者が提唱した「環世界」とは何か。その後の動物行動学や哲学、生命論に影響を及ぼした、今も新鮮な生物学の古典。

電P

2131
ヒトはなぜ眠るのか
井上昌次郎著

進化の過程で睡眠は大きく変化した。肥大した脳は、ノンレム睡眠を要求する。睡眠はなぜ快いのか？ 子供の快眠と老人の不眠、睡眠と冬眠の違い、短眠者と長眠者の謎……。最先端の脳科学で迫る睡眠学入門！

電P

2143
地形からみた歴史 古代景観を復原する
日下雅義著

「地震」「水害」「火山」「台風」……。自然と人間によって、大地は姿を変える。「津」「大溝」「池」……。『記紀』『万葉集』に登場する古日本の姿を、航空写真、地形図、遺跡、資料を突き合わせ、精確に復原する。

電P

2158
地下水と地形の科学 水文学入門
榧根 勇著

三次元空間を時間とともに変化する四次元現象である地下水流動を可視化する水文学。地下水の容器としての不均質で複雑な地形と地質を解明した地下水学は、環境問題にも取り組み、自然と人間の関係を探究する。

電P

2175
パラダイムと科学革命の歴史
中山 茂著

科学とは社会的現象である。ソフィストや諸子百家の時代から現代のデジタル化まで、科学史の第一人者による「学問の歴史」。新たなパラダイムが生まれ、科学者集団が学問的伝統を形成していく過程を解明。

電P

2187
「ものづくり」の科学史 世界を変えた《標準革命》
橋本毅彦著

「標準」を制するものが、「世界」を制する！ 標準化は製造の一大革命であり、近代社会の基盤作りだった。A4、コンテナ、キーボード……。今なお進行中の人類最大のプロジェクト＝標準化のドラマを読む。

電P

《講談社学術文庫　既刊より》

自然科学

2240
中村桂子著
生命誌とは何か

「生命科学」から「生命誌」へ。博物学と進化論、DNA、クローン技術など、人類の「生命への関心」を歴史的にたどり、生きものの多様性と共通性を包む新たな世界観を追求する。ゲノムが語る「生命の歴史」。

電P

2248
アイザック・アシモフ著／太田次郎訳
生物学の歴史

人類は「生命の謎」とどう向き合ってきたか。古代ギリシャ以来、博物学、解剖学、化学、遺伝学、進化論などの間で揺れ動き、二〇世紀にようやく科学として体系を成した生物学の歴史を、SF作家が平易に語る。

2256
広瀬立成著
相対性理論の一世紀

時間と空間の概念を一変させたアインシュタイン。「力の統一」「宇宙のしくみ」など現代物理学の起源となった研究はいかに生まれたか。科学の常識を根底から覆した天才の物理学革命が結実するまでのドラマ。

電P

2265
中谷宇吉郎著（解説・池内　了）
寺田寅彦　わが師の追想

その文明観・自然観が近年再評価される異能の物理学者に間近に接した教え子による名随筆。研究室の様子から漱石の思い出まで、大正～昭和初期の学問の場の闊達な空気と、濃密な師弟関係を細やかに描き出す。

電P

2269
村上陽一郎著
奇跡を考える　科学と宗教

科学はいかに神の代替物になったか？　奇跡の捉え方を古代以来のヨーロッパの知識の歴史にたどり、また宗教と科学それぞれの論理と言葉の違いを明らかにして、人間中心主義を問い直し、奇跡の本質に迫る試み。

2288
尾本恵市著
ヒトはいかにして生まれたか　遺伝と進化の人類学

人類は、いつ類人猿と分かれたのか。ヒトが直立二足歩行を始めた時、DNAのレベルでは何が起こっていたのか。遺伝学の成果を取り込んでやさしく語る、人類誕生の道のり。文理融合の「新しい人類学」を提唱。

電P